사고력도 탄탄! 창의력도 탄탄!
수학 일등의 지름길 「기탄사고력수학」

♔ 단계별·능력별 프로그램식 학습지입니다

유아부터 초등학교 6학년까지 각 단계별로 4~6권씩 총 52권으로 구성되었으며, 처음 시작할 때 나이와 학년에 관계없이 능력별 수준에 맞추어 학습하는 프로그램식 학습지입니다.

♔ 사고력·창의력을 키워 주는 수학 학습지입니다

다양한 사고 단계를 거쳐 문제 해결력을 높여 주며, 개념과 원리를 이해하도록 하여 수학적 사고력을 키워 줍니다. 또 수학적 사고를 바탕으로 스스로 생각하고 깨닫는 창의력을 키워 줍니다.

♔ 유아 과정은 물론 초등학교 수학의 전 영역을 골고루 학습합니다

운필력, 공간 지각력, 수 개념 등 유아 과정부터 시작하여, 초등학교 과정인 수와 연산, 도형 등 수학의 전 영역을 골고루 다루어, 자녀들의 수학적 사고의 폭을 넓히는 데 큰 도움을 줍니다.

♔ 학습 지도 가이드와 다양한 학습 성취도 평가 자료를 수록했습니다

매주, 매달, 매 단계마다 학습 목표에 따른 지도 내용과 지도 요점, 완벽한 해설을 제공하여 학부모님께서 쉽게 지도하실 수 있습니다. 창의력 문제와 수학 경시 대회 예상 문제를 단계별로 수록, 수학 실력을 완성시켜 줍니다.

♔ 과학적 학습 분량으로 공부하는 습관이 몸에 배입니다

하루 10~20분 정도의 과학적 학습량으로 공부에 싫증을 느끼지 않게 하고, 학습에 자신감을 가지도록 하였습니다. 매일 일정 시간 꾸준하게 공부하도록 하면, 시키지 않아도 공부하는 습관이 몸에 배게 됩니다.

What?

「기탄사고력수학」은
체계적이고 장기적인 프로그램으로
꾸준히 학습하면 반드시 성적으로 보답합니다

✿ 스몰 스텝(Small Step)방식으로 꾸준히 학습하면 성적이 올라갑니다

「기탄사고력수학」은 단순히 문제만 나열한 문제집이 아닙니다. 체계적이고 장기적인 학습프로그램을 통해 수학적 사고력과 창의력을 완성시켜 주는 스몰 스텝(Small Step)방식으로 꾸준히 학습하면 반드시 성적이 올라갑니다.

✿ 하루 3장, 10~20분씩 규칙적으로 학습하게 하세요

매일 일정 시간에 일정한 학습량을 꾸준히 재미있게 해야만 학습효과를 높일 수 있습니다. 주별로 분철하기 쉽게 제본되어 있으니, 교재를 구입하시면 먼저 분철하여 일주일 학습 분량만 자녀들에게 나누어 주세요. 그래야만 아이들이 학습 성취감과 자신감을 가질 수 있습니다.

✿ 자녀들의 수준에 알맞은 교재를 선택하세요

〈기탄사고력수학〉은 유아에서 초등학교 6학년까지, 나이와 학년에 관계없이 학습 난이도별로 자신의 능력에 맞는 단계를 선택하여 시작하는 능력별 교재입니다. 그러나 자녀의 수준보다 1~2단계 낮춘 교재부터 시작하면 학습에 더욱 자신감을 갖게 되어 효과적입니다.

교재 구분	교재 구성	대 상
A단계 교재	1, 2, 3, 4집	4세 ~ 5세 아동
B단계 교재	1, 2, 3, 4집	5세 ~ 6세 아동
C단계 교재	1, 2, 3, 4집	6세 ~ 7세 아동
D단계 교재	1, 2, 3, 4집	7세 ~ 초등학교 1학년
E단계 교재	1, 2, 3, 4, 5, 6집	초등학교 1학년
F단계 교재	1, 2, 3, 4, 5, 6집	초등학교 2학년
G단계 교재	1, 2, 3, 4, 5, 6집	초등학교 3학년
H단계 교재	1, 2, 3, 4, 5, 6집	초등학교 4학년
I 단계 교재	1, 2, 3, 4, 5, 6집	초등학교 5학년
J단계 교재	1, 2, 3, 4, 5, 6집	초등학교 6학년

「기탄사고력수학」으로 수학 성적 올리는 일등비법을 공개합니다

✳ 문제를 먼저 풀어 주지 마세요

기탄사고력수학은 직관(전체 감지)을 논리(이론과 구체 연결)로 발전시켜 답을 구하도록 구성되었습니다. 쉽게 문제를 풀지 못하더라도 노력하는 과정에서 더 많은 것을 얻을 수 있으니, 약간의 힌트 외에는 자녀가 스스로 끝까지 문제를 풀어 나갈 수 있도록 격려해 주세요.

✳ 교재는 이렇게 활용하세요

먼저 자녀들의 능력에 맞는 교재를 선택하세요. 그리고 일주일 분량씩 분철하여 매일 3장씩 풀 수 있도록 해 주세요. 한꺼번에 많은 양의 교재를 주시면 어린이가 부담을 느껴서 학습을 미루거나 포기하기 쉽습니다. 적당한 양을 매일매일 학습하도록 하여 수학 공부하는 재미를 느낄 수 있도록 해 주세요.

✳ 교재 학습 과정을 꼭 지켜 주세요

한 주 학습이 끝날 때마다 창의력 문제와 경시 대회 예상 문제를 꼭 풀고 넘어가도록 해 주시고, 한 권(한 달 과정)이 끝나면 성취도 테스트와 종료 테스트를 통해 스스로 실력을 가늠해 볼 수 있도록 도와 주세요. 문제를 다 풀면 반드시 해답지를 이용하여 정확하게 채점해 주시고, 틀린 문제를 체크해 놓았다가 다음에는 확실히 풀 수 있도록 지도해 주세요.

✳ 자녀의 학습 관리를 게을리 하지 마세요

수학적 사고는 하루 아침에 생겨나는 것이 아닙니다. 날마다 꾸준히 규칙적으로 학습해 나갈 때에만 비로소 수학적 사고의 기틀이 마련되는 것입니다. 교육은 사랑입니다. 자녀가 학습한 부분을 어머니께서 꼭 확인하시면서 사랑으로 돌봐 주세요. 부모님의 관심 속에서 자란 아이들만이 성적 향상은 물론 이 사회에서 꼭 필요한 인격체로 성장해 나갈 수 있다는 것도 잊지 마세요.

기탄사고력수학 교재별 학습 내용

A 단계 교재

A - ❶ 교재

나와 가족에 대하여 알기
바른 행동 알기
다양한 선 그리기
다양한 사물 색칠하기
○△□ 알기
똑같은 것 찾기
빠진 것 찾기
종류가 같은 것과 다른 것 찾기
관찰력, 논리력, 사고력 키우기

A - ❷ 교재

필요한 물건 찾기
관계 있는 것 찾기
다양한 기준에 따라 분류하기
(종류, 용도, 모양, 색깔, 재질, 계절, 성질 등)
두 가지 기준에 따라 분류하기
다섯까지 세기
변별력 키우기
미로 통과하기

A - ❸ 교재

다양한 기준으로 비교하기
(길이, 높이, 양, 무게, 크기, 두께, 넓이, 속도, 깊이 등)
시간의 순서 비교하기
반대 개념 알기
3까지의 숫자 배우기
그림 퍼즐 맞추기
미로 통과하기

A - ❹ 교재

최상급 개념 알기
다양한 기준으로 순서 짓기 (크기, 시간, 길이, 두께 등)
네 가지 이상 비교하기
이중 서열 알기
ABAB, ABCABC의 규칙성 알기
다양한 규칙 이해하기
부분과 전체 알기
5까지의 숫자 배우기
일대일 대응, 일대다 대응 알기
미로 통과하기

B 단계 교재

B - ❶ 교재

열까지 세기
9까지의 숫자 배우기
사물의 기본 모양 알기
모양 구성하기
모양 나누기와 합치기
같은 모양, 짝이 되는 모양 찾기
위치 개념 알기 (위, 아래, 앞, 뒤)
위치 파악하기

B - ❷ 교재

9까지의 수량, 수 단어, 숫자 연결하기
구체물을 이용한 수 익히기
반구체물을 이용한 수 익히기
위치 개념 알기 (안, 밖, 왼쪽, 가운데, 오른쪽)
다양한 위치 개념 알기
시간 개념 알기 (낮, 밤)
구체물을 이용한 수와 양의 개념 알기
(같다, 많다, 적다)

B - ❸ 교재

순서대로 숫자 쓰기
거꾸로 숫자 쓰기
1 큰 수와 2 큰 수 알기
1 작은 수와 2 작은 수 알기
반구체물을 이용한 수와 양의 개념 알기
보존 개념 익히기
여러 가지 단위 배우기

B - ❹ 교재

순서수 알기
사물의 입체 모양 알기
입체 모양 나누기
두 수의 크기 비교하기
여러 수의 크기 비교하기
0의 개념 알기
0부터 9까지의 수 익히기

C 단계 교재

C - ❶ 교재	C - ❷ 교재
구체물을 통한 수 가르기 반구체물을 통한 수 가르기 숫자를 도입한 수 가르기 구체물을 통한 수 모으기 반구체물을 통한 수 모으기 숫자를 도입한 수 모으기	수 가르기와 모으기 여러 가지 방법으로 수 가르기 수 모으고 다시 수 가르기 수 가르고 다시 수 모으기 더해 보기 세로로 더해 보기 빼 보기 세로로 빼 보기 더해 보기와 빼 보기 바꾸어서 셈하기

C - ❸ 교재	C - ❹ 교재
길이 측정하기　높이 측정하기 넓이 측정하기　크기 측정하기 둘레 측정하기　무게 측정하기 부피 측정하기　들이 측정하기 활동 시간 알아보기　시간의 순서 알아보기 여러 가지 측정하기	열 개 열 개 만들어 보기 열 개 묶어 보기 자리 알아보기 수 '10' 알아보기 10의 크기 알아보기 더하여 10이 되는 수 알아보기 열다섯까지 세어 보기 스물까지 세어 보기

D 단계 교재

D - ❶ 교재	D - ❷ 교재
수 11~20 알기 11~20까지의 수 알기 30까지의 수 알아보기 자릿값을 이용하여 30까지의 수 나타내기 40까지의 수 알아보기 자릿값을 이용하여 40까지의 수 나타내기 자릿값을 이용하여 50까지의 수 나타내기 50까지의 수 알아보기	상자 모양, 공 모양, 둥근기둥 모양 알아보기 공간 위치 알아보기 입체도형으로 모양 만들기 여러 방향에서 본 모습 관찰하기 평면도형 알아보기 선대칭 모양 알아보기 모양 만들기와 탱그램

D - ❸ 교재	D - ❹ 교재
덧셈 이해하기 10이 되는 더하기 여러 가지로 더해 보기 덧셈 익히기 뺄셈 이해하기 10에서 빼기 여러 가지로 빼 보기 뺄셈 익히기	조사하여 기록하기 그래프의 이해 그래프의 활용 분수의 이해 시간 느끼기 사건의 순서 알기 소요 시간 알아보기 달력 보기 시계 보기 활동한 시간 알기

기탄사고력수학 교재별 학습 내용

E 단계 교재

E - ❶ 교재	E - ❷ 교재	E - ❸ 교재
사물의 개수를 세어 보고 1, 2, 3, 4, 5 알아보기 0의 개념과 0~5까지의 수의 순서 알기 하나 더 많다, 적다의 개념 알기 두 수의 크기 비교하기 사물의 개수를 세어 보고 6, 7, 8, 9 알아보기 0~9까지의 수의 순서 알기 하나 더 많다, 적다의 개념 알기 두 수의 크기 비교하기 여러 가지 모양 알아보기, 찾아보기, 만들어 보기 규칙 찾기	두 수로 가르기 두 수를 모으기 가르기와 모으기 덧셈식 알아보기 뺄셈식 알아보기 길이 비교해 보기 높이 비교해 보기 들이 비교해 보기 무게 비교해 보기 넓이 비교해 보기	수 10(십) 알아보기 19까지의 수 알아보기 몇십과 몇십 몇 알아보기 물건의 수 세기 50까지 수의 순서 알아보기 두 수의 크기 비교하기 분류하기 분류하여 세어 보기
E - ❹ 교재	**E - ❺ 교재**	**E - ❻ 교재**
수 60, 70, 80, 90 99까지의 수 수의 순서 두 수의 크기 비교 여러 가지 모양 알아보기, 찾아보기 여러 가지 모양 만들기, 그리기 규칙 찾기 10을 두 수로 가르기 10이 되도록 두 수를 모으기	10이 되는 더하기 10에서 빼기 세 수의 덧셈과 뺄셈 (몇십)+(몇), (몇십 몇)+(몇), (몇십 몇)+(몇십 몇) (몇십 몇)-(몇), (몇십 몇)-(몇십 몇) 긴바늘, 짧은바늘 알아보기 몇 시 알아보기 몇 시 30분 알아보기	세 수의 덧셈 받아올림이 있는 (몇)+(몇) 받아내림이 있는 (십 몇)-(몇) 세 수의 계산 덧셈식, 뺄셈식 만들기 □가 있는 덧셈식, 뺄셈식 만들기 여러 가지 방법으로 해결하기

F 단계 교재

F - ❶ 교재	F - ❷ 교재	F - ❸ 교재
백(100)과 몇백(200, 300, ······)의 개념 이해 세 자리 수와 뛰어 세기의 이해 세 자리 수의 크기 비교 받아올림이 있는 (두 자리 수)+(한 자리 수)의 계산 받아내림이 있는 (두 자리 수)-(한 자리 수)의 계산 세 수의 덧셈과 뺄셈 선분과 직선의 차이 이해 사각형, 삼각형, 원 등의 여러 가지 모양 쌓기나무로 똑같이 쌓아 보고 여러 가지 모양 만들기 배열 순서에 따라 규칙 찾아내기	받아올림이 있는 (두 자리 수)+(두 자리 수)의 계산 받아내림이 있는 (두 자리 수)-(두 자리 수)의 계산 여러 가지 방법으로 계산하고 세 수의 혼합 계산 길이 비교와 단위길이의 비교 길이의 단위(cm) 알기 길이 재기와 길이 어림하기 어떤 수를 □로 나타내기 덧셈식·뺄셈식에서 □의 값 구하기 어떤 수를 구하는 식 만들기 식에 알맞은 문제 만들기	시각 읽기 시각과 시간의 차이 알기 하루의 시간 알기 달력을 보며 1년 알기 몇 시 몇 분 전 알기 반 시간 알기 묶어 세기 몇 배 알아보기 더하기를 곱하기로 나타내기 덧셈식과 곱셈식으로 나타내기
F - ❹ 교재	**F - ❺ 교재**	**F - ❻ 교재**
2~9의 단 곱셈구구 익히기 1의 단 곱셈구구와 0의 곱 곱셈표에서 규칙 찾기 받아올림이 없는 세 자리 수의 덧셈 받아내림이 없는 세 자리 수의 뺄셈 여러 가지 방법으로 계산하기 미터(m)와 센티미터(cm) 길이 재기 길이 어림하기 길이의 합과 차	받아올림이 있는 세 자리 수의 덧셈 받아내림이 있는 세 자리 수의 뺄셈 여러 가지 방법으로 덧셈·뺄셈하기 세 수의 혼합 계산 똑같이 나누기 전체와 부분의 크기 분수의 쓰기와 읽기 분수만큼 색칠하고 분수로 나타내기 표와 그래프로 나타내기 조사하여 표와 그래프로 나타내기	□가 있는 곱셈식을 만들어 문제 해결하기 규칙을 찾아 문제 해결하기 거꾸로 생각하여 문제 해결하기

단계 교재

G – ❶ 교재	G – ❷ 교재	G – ❸ 교재
1000의 개념 알기 몇천, 네 자리 수 알기 수의 자릿값 알기 뛰어 세기, 두 수의 크기 비교 세 자리 수의 덧셈 덧셈의 여러 가지 방법 세 자리 수의 뺄셈 뺄셈의 여러 가지 방법 각과 직각의 이해 직각삼각형, 직사각형, 정사각형의 이해	똑같이 묶어 덜어 내기와 똑같게 나누기 나눗셈의 몫 곱셈과 나눗셈의 관계 나눗셈의 몫을 구하는 방법 나눗셈의 세로 형식 곱셈을 활용하여 나눗셈의 몫 구하기 평면도형 밀기, 뒤집기, 돌리기 평면도형 뒤집고 돌리기 (몇십)×(몇)의 계산 (두 자리 수)×(한 자리 수)의 계산	분수만큼 알기와 분수로 나타내기 몇 개인지 알기 분수의 크기 비교 mm 단위를 알기와 mm 단위까지 길이 재기 km 단위를 알기 km, m, cm, mm의 단위가 있는 길이의 합과 차 구하기 시각과 시간의 개념 알기 1초의 개념 알기 시간의 합과 차 구하기
G – ❹ 교재	**G – ❺ 교재**	**G – ❻ 교재**
(네 자리 수)+(세 자리 수) (네 자리 수)+(네 자리 수) (네 자리 수)−(세 자리 수) (네 자리 수)−(네 자리 수) 세 수의 덧셈과 뺄셈 (세 자리 수)×(한 자리 수) (몇십)×(몇십) / (두 자리 수)×(몇십) (두 자리 수)×(두 자리 수) 원의 중심과 반지름 / 그리기 / 지름 / 성질	(몇십)÷(몇) 내림이 없는 (몇십 몇)÷(몇) 나눗셈의 몫과 나머지 나눗셈식의 검산 / (몇십 몇)÷(몇) 들이 / 들이의 단위 들이의 어림하기와 합과 차 무게 / 무게의 단위 무게의 어림하기와 합과 차 0.1 / 소수 알아보기 소수의 크기 비교하기	막대그래프 막대그래프 그리기 그림그래프 그림그래프 그리기 알맞은 그래프로 나타내기 규칙을 정해 무늬 꾸미기 규칙을 찾아 문제 해결 표를 만들어서 문제 해결 예상과 확인으로 문제 해결

단계 교재

H – ❶ 교재	H – ❷ 교재	H – ❸ 교재
만 / 다섯 자리 수 / 십만, 백만, 천만 억 / 조 / 큰 수 뛰어서 세기 두 수의 크기 비교 100, 1000, 10000, 몇백, 몇천의 곱 (세,네 자리 수)×(두 자리 수) 세 수의 곱셈 / 몇십으로 나누기 (두,세 자리 수)÷(두 자리 수) 각의 크기 / 각 그리기 / 각도의 합과 차 삼각형의 세 각의 크기의 합 사각형의 네 각의 크기의 합	이등변삼각형 / 이등변삼각형의 성질 정삼각형 / 예각과 둔각 예각삼각형 / 둔각삼각형 덧셈, 뺄셈 또는 곱셈, 나눗셈이 섞여 있는 혼합 계산 덧셈, 뺄셈, 곱셈, 나눗셈이 섞여 있는 혼합 계산 ( ), { }가 있는 혼합 계산 분수와 진분수 / 가분수와 대분수 대분수를 가분수로, 가분수를 대분수로 나타내기 분모가 같은 분수의 크기 비교	소수 소수 두 자리 수 소수 세 자리 수 소수 사이의 관계 소수의 크기 비교 규칙을 찾아 수로 나타내기 규칙을 찾아 글로 나타내기 새로운 무늬 만들기
H – ❹ 교재	**H – ❺ 교재**	**H – ❻ 교재**
분모가 같은 진분수의 덧셈 분모가 같은 대분수의 덧셈 분모가 같은 진분수의 뺄셈 분모가 같은 대분수의 뺄셈 분모가 같은 대분수와 진분수의 덧셈과 뺄셈 소수의 덧셈 / 소수의 뺄셈 수직과 수선 / 수선 긋기 평행선 / 평행선 긋기 평행선 사이의 거리	사다리꼴 / 평행사변형 / 마름모 직사각형과 정사각형의 성질 다각형과 정다각형 / 대각선 여러 가지 모양 만들기 여러 가지 모양으로 덮기 직사각형과 정사각형의 둘레 1cm² / 직사각형과 정사각형의 넓이 여러 가지 도형의 넓이 이상과 이하 / 초과와 미만 / 수의 범위 올림과 버림 / 반올림 / 어림의 활용	꺾은선그래프 꺾은선그래프 그리기 물결선을 사용한 꺾은선그래프 물결선을 사용한 꺾은선그래프 그리기 알맞은 그래프로 나타내기 꺾은선그래프의 활용 두 수 사이의 관계 두 수 사이의 관계를 식으로 나타내기 문제를 해결하고 풀이 과정을 설명하기

I 단계 교재

I - ❶ 교재	I - ❷ 교재	I - ❸ 교재
약수 / 배수 / 배수와 약수의 관계 공약수와 최대공약수 공배수와 최소공배수 크기가 같은 분수 알기 크기가 같은 분수 만들기 분수의 약분 / 분수의 통분 분수의 크기 비교 / 진분수의 덧셈 대분수의 덧셈 / 진분수의 뺄셈 대분수의 뺄셈 / 세 분수의 덧셈과 뺄셈	세 분수의 덧셈과 뺄셈 (진분수)×(자연수) / (대분수)×(자연수) (자연수)×(진분수) / (자연수)×(대분수) (단위분수)×(단위분수) (진분수)×(진분수) / (대분수)×(대분수) 세 분수의 곱셈 / 합동인 도형의 성질 합동인 삼각형 그리기 면, 모서리, 꼭짓점 직육면체와 정육면체 직육면체의 성질 / 겨냥도 / 전개도	평행사변형의 넓이 삼각형의 넓이 사다리꼴의 넓이 마름모의 넓이 넓이의 단위 m², a 넓이의 단위 ha, km² 넓이의 단위 관계 무게의 단위
I - ❹ 교재	**I - ❺ 교재**	**I - ❻ 교재**
분수와 소수의 관계 분수를 소수로, 소수를 분수로 나타내기 분수와 소수의 크기 비교 1÷(자연수)를 곱셈으로 나타내기 (자연수)÷(자연수)를 곱셈으로 나타내기 (진분수)÷(자연수) / (가분수)÷(자연수) (대분수)÷(자연수) 분수와 자연수의 혼합 계산 선대칭도형/선대칭의 위치에 있는 도형 점대칭도형/점대칭의 위치에 있는 도형	(소수)×(자연수) / (자연수)×(소수) 곱의 소수점의 위치 (소수)×(소수) 소수의 곱셈 (소수)÷(자연수) (자연수)÷(자연수) 줄기와 잎 그림 그림그래프 평균 자료를 그래프로 나타내고 설명하기	두 수의 크기 비교 비율 백분율 할푼리 실제로 해 보기와 표 만들기 그림 그리기와 식 만들기 예상하고 확인하기와 표 만들기 실제로 해 보기와 규칙 찾기

J 단계 교재

J - ❶ 교재	J - ❷ 교재	J - ❸ 교재
(자연수)÷(단위분수) 분모가 같은 진분수끼리의 나눗셈 분모가 다른 진분수끼리의 나눗셈 (자연수)÷(진분수) / 대분수의 나눗셈 분수의 나눗셈 활용하기 소수의 나눗셈 / (자연수)÷(소수) 소수의 나눗셈에서 나머지 반올림한 몫 입체도형과 각기둥 / 각뿔 각기둥의 전개도 / 각뿔의 전개도	쌓기나무의 개수 쌓기나무의 각 자리, 각 층별로 나누어 개수 구하기 규칙 찾기 쌓기나무로 만든 것, 여러 가지 입체도형, 여러 가지 생활 속 건축물의 위, 앞, 옆 에서 본 모양 원주와 원주율 / 원의 넓이 띠그래프 알기 / 띠그래프 그리기 원그래프 알기 / 원그래프 그리기	비례식 비의 성질 가장 작은 자연수의 비로 나타내기 비례식의 성질 비례식의 활용 연비 두 비의 관계를 연비로 나타내기 연비의 성질 비례배분 연비로 비례배분
J - ❹ 교재	**J - ❺ 교재**	**J - ❻ 교재**
(소수)÷(분수) / (분수)÷(소수) 분수와 소수의 혼합 계산 원기둥 / 원기둥의 전개도 원뿔 회전체 / 회전체의 단면 직육면체와 정육면체의 겉넓이 부피의 비교 / 부피의 단위 직육면체와 정육면체의 부피 부피의 큰 단위 부피와 들이 사이의 관계	원기둥의 겉넓이 원기둥의 부피 경우의 수 순서가 있는 경우의 수 여러 가지 경우의 수 확률 미지수를 x로 나타내기 등식 알기 / 방정식 알기 등식의 성질을 이용하여 방정식 풀기 방정식의 활용	두 수 사이의 대응 관계 / 정비례 정비례를 활용하여 생활 문제 해결하기 반비례 반비례를 활용하여 생활 문제 해결하기 그림을 그리거나 식을 세워 문제 해결하기 거꾸로 생각하거나 식을 세워 문제 해결하기 표를 작성하거나 예상과 확인을 통하여 문제 해결하기 여러 가지 방법으로 문제 해결하기 새로운 문제를 만들어 풀어 보기

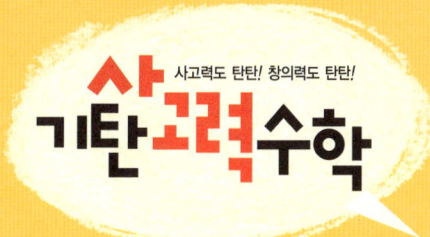

사고력도 탄탄! 창의력도 탄탄!

산 기탄고력수학

G1

G1a ~ G15b

학습 관리표

학습 내용		이번 주는?
10000까지의 수	· 1000의 개념 알기 · 몇천, 네 자리 수 알기 · 수의 자릿값 알기 · 뛰어 세기, 두 수의 크기 비교 · 창의력 학습 · 경시 대회 예상 문제	• 학습 방법 : ① 매일매일　② 가끔　③ 한꺼번에 　하였습니다. • 학습 태도 : ① 스스로 잘　② 시켜서 억지로 　하였습니다. • 학습 흥미 : ① 재미있게　② 싫증내며 　하였습니다. • 교재 내용 : ① 적합하다고　② 어렵다고　③ 쉽다고 　하였습니다.

지도 교사가 부모님께	부모님이 지도 교사께

평가	Ⓐ 아주 잘함	Ⓑ 잘함	Ⓒ 보통	Ⓓ 부족함

원(교)　　　　반　이름　　　　　전화

기초부터 탄탄하게
G 기탄교육

www.gitan.co.kr / (02)586-1007(대)

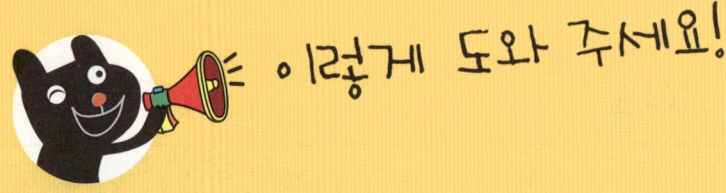

이렇게 도와 주세요!

● **학습 목표**
- 1000을 이해하고 몇천을 읽을 수 있다.
- 네 자리 수를 읽고, 쓰고, 셀 수 있다.
- 뛰어 세기를 통하여 네 자리 수의 계열을 알 수 있다.
- 네 자리 수의 대소 관계를 알고, 부등호를 써서 나타낼 수 있다.

● **지도 내용**
- 여러 가지 방법을 이용하여 1000(천)의 개념을 알도록 한다.
- 몇천의 개념을 알고, 네 자리 수를 쓰고 읽을 수 있도록 한다.
- 네 자리 수에서 수의 값, 자리의 숫자를 알게 한다.
- 수 세기와 뛰어 세기를 통하여 네 자리 수의 계열을 알게 한다.
- 수 모형을 이용하여 네 자리 수의 크기를 비교하게 하고, 네 자리 수의 크기를 비교하는 방법을 알게 한다.

● **지도 요점**
지금까지 학습한 자리잡기에 의한 십진법의 원리를 적용하여 수를 10000까지 확장하여 지도합니다. 십진법의 원리는 10이 되면 묶어서 세는 것이므로 낱개가 10이면 이를 묶어서 10이라 하고, 10씩 묶음이 10이면 이를 다시 묶어서 100이라 하고, 100씩 묶음이 10이면 이를 다시 묶어서 1000이라고 하는 것을 깨닫게 하여 네 자리 수로서 1000을 지도합니다. 십진법의 구조를 정확하게 이해하도록 하여 10000까지의 수를 쓰고 읽을 수 있게 지도합니다.

◆ 이름 :
◆ 날짜 :
◆ 시간 :　　시　　분 ~　　시　　분

확인

◆ **1000 알아보기**

100이 10개이면 **1000**이라 쓰고 **천**이라고 읽습니다.

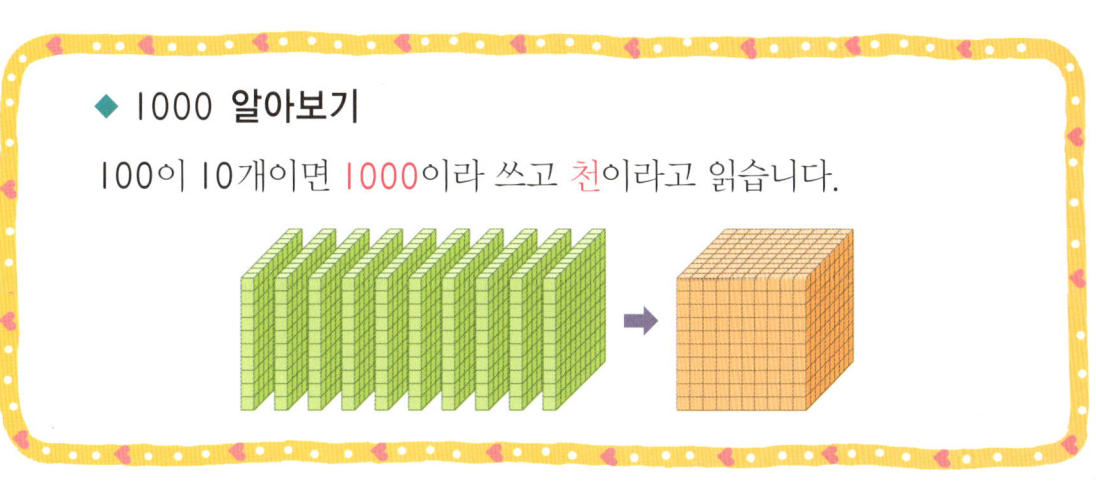

🐸 다음 그림을 보고 □ 안에 알맞은 수를 써넣으시오.(1~2)

1.

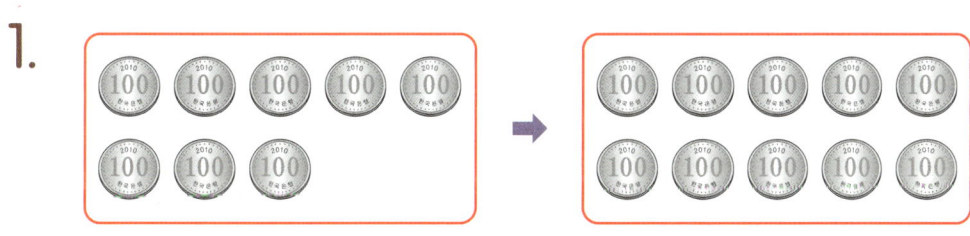

800보다 □ 큰 수는 1000입니다.

2.

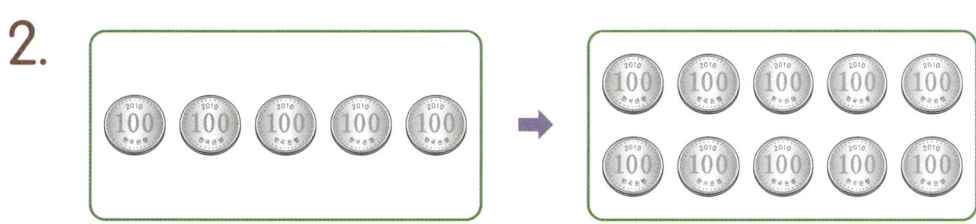

500보다 □ 큰 수는 1000입니다.

사고력 학습

👻 다음 ☐ 안에 알맞은 수를 써넣으시오.(3~6)

3. 1000은 900보다 ☐ 큰 수입니다.

4. 1000은 700보다 ☐ 큰 수입니다.

5. 1000은 600보다 ☐ 큰 수입니다.

6. 1000은 400보다 ☐ 큰 수입니다.

👻 다음 ☐ 안에 알맞은 수를 써넣으시오.(7~10)

7. 100이 ☐ 개이면 1000입니다.

8. 990보다 ☐ 큰 수는 1000입니다.

9. 995보다 ☐ 큰 수는 1000입니다.

10. 999보다 ☐ 큰 수는 1000입니다.

G-2a

◆ **몇천 알아보기**

천 모형	쓰기	읽기	천 모형	쓰기	읽기
	1000	천		6000	육천
	2000	이천		7000	칠천
	3000	삼천		8000	팔천
	4000	사천			
	5000	오천		9000	구천

🐸 다음 그림을 보고 ☐ 안에 알맞은 수를 써넣으시오.(1~2)

1.

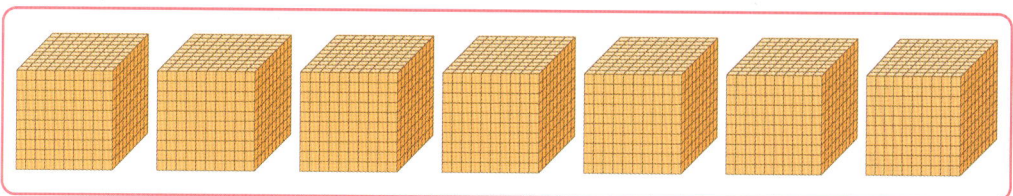

1000원짜리가 **4**장이면 ☐ 원입니다.

2.

천 모형이 **7**개이면 ☐ 입니다.

👻 다음 수를 쓰고 읽어 보시오.(3~4)

3. 1000이 3개인 수

[쓰기] _____ , [읽기] _____

4. 1000이 6개인 수

[쓰기] _____ , [읽기] _____

👻 다음 수를 읽어 보시오.(5~8)

5. 2000 ( ) **6.** 7000 ( )

7. 9000 ( ) **8.** 4000 ( )

👻 다음을 수로 나타내시오.(9~12)

9. 팔천 ( ) **10.** 삼천 ( )

11. 오천 ( ) **12.** 육천 ( )

★ 이름 :

★ 날짜 :

★ 시간 :   시   분 ~   시   분

확인

◆ 네 자리 수 알아보기

1000이 3개, 100이 8개, 10이 5개, 1이 4개이면 **3854** 라 쓰고
삼천팔백오십사라고 읽습니다.

🐸 다음 그림을 보고 ☐ 안에 알맞은 수를 써넣으시오.(1~2)

1.

1000원짜리 지폐 2장, 100원짜리 동전 5개, 10원짜리 동전 3개, 1원
짜리 동전 6개이면 ☐ 원입니다.

2.

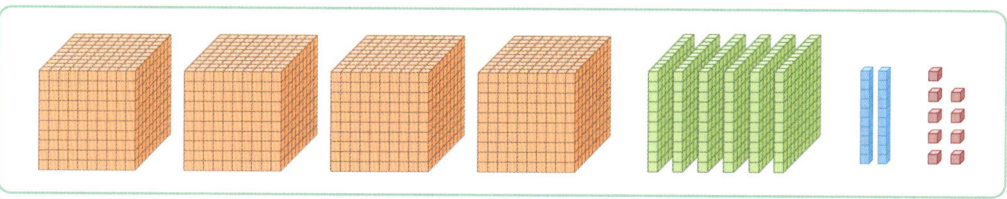

1000이 4개, 100이 6개, 10이 2개, 1이 9개이면 ☐ 입니다.

다음 그림을 보고 모두 얼마인지 쓰시오.(3~5)

3.

[답] _____

4.

[답] _____

5.

[답] _____

 사고력 학습

★ 이름 :

★ 날짜 :

★ 시간 : 　시　분 ~ 　시　분

확인

🐸 다음 □ 안에 알맞은 수를 써넣으시오.(1~6)

1. 1000이 7개, 100이 9개, 10이 6개, 1이 1개이면 □ 입니다.

2. 1000이 5개, 100이 1개, 10이 2개, 1이 3개이면 □ 입니다.

3. 1000이 8개, 100이 0개, 10이 4개, 1이 6개이면 □ 입니다.

4. 4685는 1000이 □ 개, 100이 □ 개, 10이 □ 개, 1이 □ 개인 수입니다.

5. 9312는 1000이 □ 개, 100이 □ 개, 10이 □ 개, 1이 □ 개인 수입니다.

6. 6207은 1000이 □ 개, 100이 □ 개, 10이 □ 개, 1이 □ 개인 수입니다.

👻 다음 수를 쓰고 읽어 보시오.(7~8)

7. 1000이 3개, 100이 4개, 10이 5개, 1이 6개인 수

[쓰기] _____ , [읽기] _____

8. 1000이 9개, 100이 2개, 10이 9개, 1이 7개인 수

[쓰기] _____ , [읽기] _____

👻 다음 수를 읽어 보시오.(9~12)

9. 7342 ( ) **10.** 8116 ( )

11. 5400 ( ) **12.** 6050 ( )

👻 다음을 수로 나타내시오.(13~15)

13. 구천오백이십칠 ( )

14. 팔천삼십 ( )

15. 오천사 ( )

✿ 이름 :

✿ 날짜 :

✿ 시간 :　　시　　분 ~　　시　　분

확인

◆ 자릿값 알아보기

네 자리 수 **5432**에서

천	백	십	일
5	4	3	2

5	0	0	0	← 천의 자리 숫자 5는 5000
	4	0	0	← 백의 자리 숫자 4는 400
		3	0	← 십의 자리 숫자 3은 30
			2	← 일의 자리 숫자 2는 2를 나타냅니다.

1. 수와 수 모형을 보고 ☐ 안에 알맞은 수를 써넣으시오.

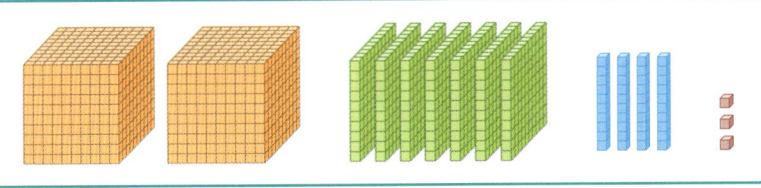

2743

(1) 천의 자리 숫자 **2**는 ☐ 을 나타냅니다.

(2) 백의 자리 숫자 **7**은 ☐ 을 나타냅니다.

(3) 십의 자리 숫자 **4**는 ☐ 을 나타냅니다.

2. 수와 수 모형을 보고 □ 안에 알맞은 수나 말을 써넣으시오.

3256

(1) 천의 자리 숫자 3은 □ 을 나타냅니다.

(2) 백의 자리 숫자 □ 는 200을 나타냅니다.

(3) □ 의 자리 숫자 5는 50을 나타냅니다.

(4) 일의 자리 숫자 □ 은 □ 을 나타냅니다.

3. 수를 보고 □ 안에 알맞은 수나 말을 써넣으시오.

4921

(1) 천의 자리 숫자는 □ 이고 □ 을 나타냅니다.

(2) □ 의 자리 숫자는 □ 이고 900을 나타냅니다.

(3) □ 의 자리 숫자는 2이고 □ 을 나타냅니다.

(4) 일의 자리 숫자는 □ 이고 □ 을 나타냅니다.

★ 이름 :

★ 날짜 :

★ 시간 :　시　분 ~　시　분

확인

🐸 다음 ☐ 안에 알맞은 수나 말을 써넣으시오.(1~3)

1. 6379에서

천의 자리 숫자는 ☐

백의 자리 숫자는 ☐

십의 자리 숫자는 ☐

일의 자리 숫자는 ☐

2. 천의 자리 숫자가 9
백의 자리 숫자가 0
십의 자리 숫자가 8
일의 자리 숫자가 5
이면 ☐

3. 7608에서

☐ 의 자리 숫자는 7

☐ 의 자리 숫자는 6

☐ 의 자리 숫자는 0

☐ 의 자리 숫자는 8

사고력 학습

4. 빈칸에 알맞은 숫자나 수를 써넣으시오.

수 ＼ 숫자	천의 자리	백의 자리	십의 자리	일의 자리
7845			4	
6057	6			7
	8	4	0	9
7100	7		0	
	1	0	5	3

5. 천의 자리 숫자가 7인 수를 모두 찾아 쓰시오.

4736, 7025, 8179, 7345, 9217

[답]

6. 숫자 5가 나타내는 수를 쓰시오.

(1) 6542 (   )   (2) 3059 (   )

(3) 5714 (   )   (4) 2845 (   )

★ 이름 :

★ 날짜 :

★ 시간 : 시 분 ~ 시 분

확인

◆ **수를 뛰어 세기**

• 뛰어 세기의 규칙을 찾아보면

　　1000씩 뛰어 세면 천의 자리 숫자가 ┐

　　　100씩 뛰어 세면 백의 자리 숫자가 ┤

　　　　　　　　　　　　　　　　　　├ 1씩 커집니다.

　　　10씩 뛰어 세면 십의 자리 숫자가 ┤

　　　　1씩 뛰어 세면 일의 자리 숫자가 ┘

• 9999 다음의 수는 10000입니다.

🐸 뛰어 세는 규칙에 맞게 ☐ 안에 알맞은 수를 써넣으시오. (1~2)

1.

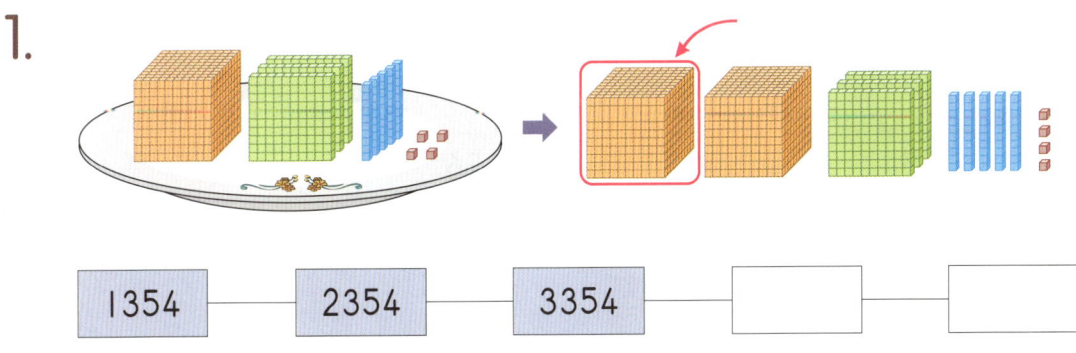

| 1354 | — | 2354 | — | 3354 | — | ☐ | — | ☐ |

2.

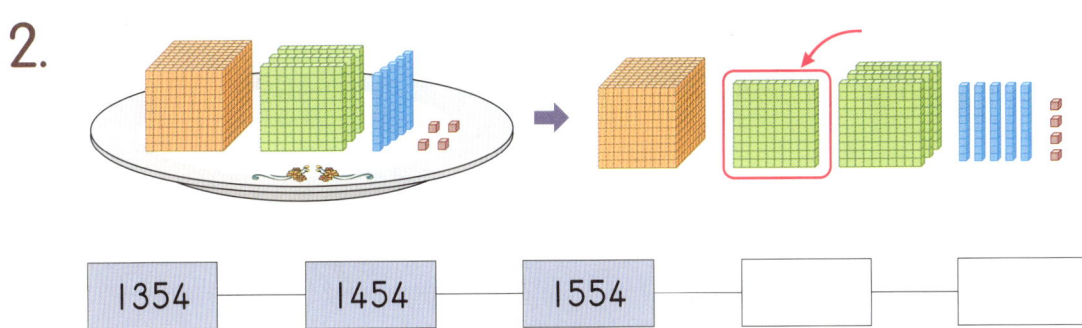

| 1354 | — | 1454 | — | 1554 | — | ☐ | — | ☐ |

뛰어 세는 규칙에 맞게 ☐ 안에 알맞은 수를 써넣으시오.(3~4)

3.

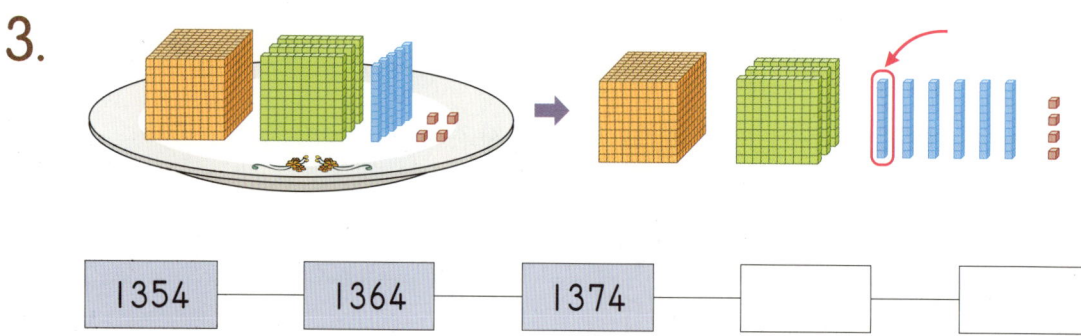

| 1354 |—| 1364 |—| 1374 |—| |—| |

4.

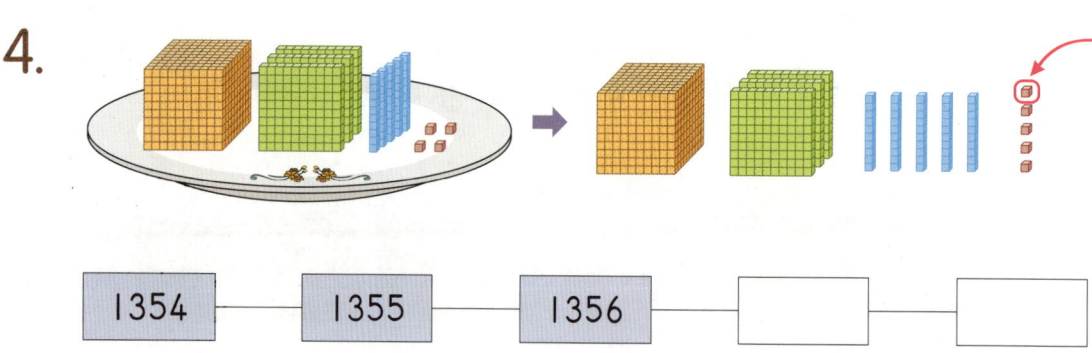

| 1354 |—| 1355 |—| 1356 |—| |—| |

1000씩 뛰어서 세어 보시오.(5~6)

5.

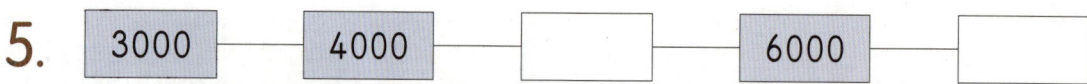

| 3000 |—| 4000 |—| |—| 6000 |—| |

6.

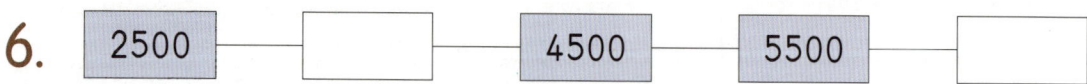

| 2500 |—| |—| 4500 |—| 5500 |—| |

🌸 이름 :

🌸 날짜 :

🌸 시간 : 시 분 ~ 시 분

확인 ⭐

🐸 100씩 뛰어서 세어 보시오.(1~2)

1. | 5005 | 5105 | | | 5405 |

2. | 7850 | | | 8150 | 8250 |

🐸 10씩 뛰어서 세어 보시오.(3~4)

3. | 4530 | 4540 | | | 4570 |

4. | 6295 | | | 6325 | 6335 |

🐸 1씩 뛰어서 세어 보시오.(5~6)

5. | 8003 | 8004 | | | 8007 |

6. | 2596 | 2597 | | 2599 | |

뛰어 세는 규칙에 맞게 ☐ 안에 알맞은 수를 써넣으시오.(7~13)

7. 1050 — 2050 — ☐ — 4050 — ☐

8. 5952 — ☐ — 5972 — 5982 — ☐

9. ☐ — 4324 — 4325 — ☐ — 4327

10. 3507 — 3607 — ☐ — ☐ — 3907

11. ☐ — 7285 — 7295 — ☐ — 7315

12. 9996 — ☐ — 9998 — 9999 — ☐

13. ☐ — 6900 — ☐ — 7100 — 7200

◆ **두 수의 크기 비교**

• 네 자리 수의 크기 비교는 천의 자리 숫자부터 차례로 비교합니다.

$$8300 > 5900$$
　　　　8 > 5

$$3270 < 3650$$
　　　　2 < 6

$$5645 < 5673$$
　　　　4 < 7

$$7829 > 7823$$
　　　　9 > 3

🐸 수 모형을 보고 두 수의 크기를 비교하여 ○ 안에 >, <를 알맞게 써넣으시오.(1~2)

1.

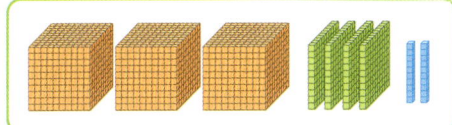

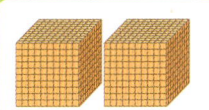 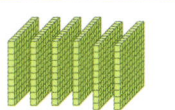

3420 ◯ 2605

2.

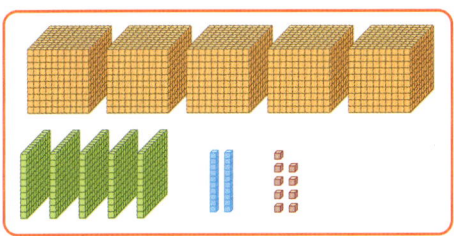 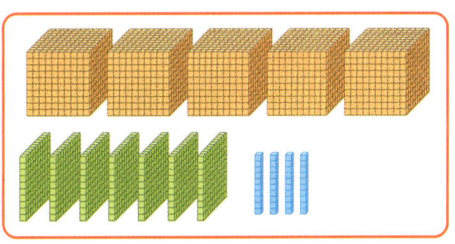

5529 ◯ 5740

👻 수 모형을 보고 두 수의 크기를 비교하여 ○ 안에 >, <를 알맞게 써넣으시오.(3~4)

3.

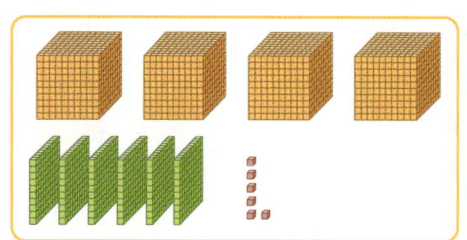 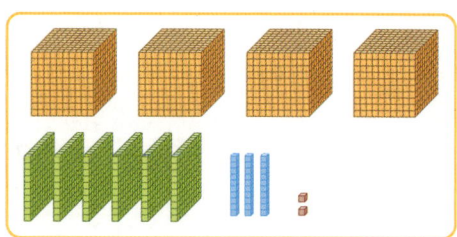

4606 ◯ 4632

4.

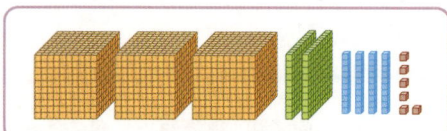 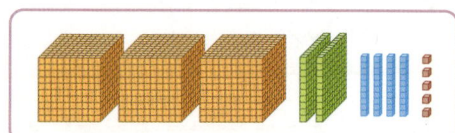

3246 ◯ 3245

5. 수직선을 보고 두 수의 크기를 비교하여 ○ 안에 >, <를 알맞게 써넣으시오.

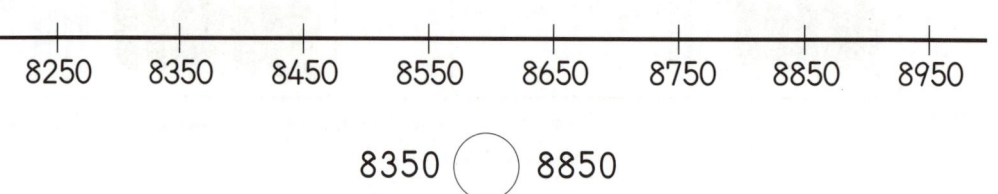

8350 ◯ 8850

🚗 사고력 학습

★이름 :

★날짜 :

★시간 : 시 분 ~ 시 분

확인

🐸 다음을 >, <를 써서 나타내시오.(1~2)

1. 5140은 3580보다 큽니다. ➡ _____

2. 4630은 4650보다 작습니다. ➡ _____

🐸 다음을 읽어 보시오.(3~4)

3. 6570 > 6425 ➡ _____

4. 8947 < 8949 ➡ _____

🐸 다음 두 수의 크기를 비교하여 ○ 안에 >, <를 알맞게 써넣으시오.(5~8)

5. 3409 ◯ 3447

6. 7850 ◯ 9230

7. 5931 ◯ 5299

8. 9005 ◯ 9004

사고력 학습

9. 빈칸에 알맞은 수를 써넣으시오.

수	1 큰 수	10 큰 수	100 큰 수	1000 큰 수
6190				
5005				
8999				

10. 산의 높이를 나타낸 표입니다. 높은 산부터 차례로 이름을 쓰시오.

산	금강산	지리산	속리산	오대산
높이(m)	1638	1915	1058	1563

[답]

11. 예진이와 하늘이는 매일 걷기 운동을 하기로 했습니다. 오늘 예진이는 2584걸음을 걸었고 하늘이는 2600걸음을 걸었습니다. 누가 더 많이 걸었습니까?

[답]

★ 이름 :

★ 날짜 :

★ 시간 :　시　분~　시　분

1. 1000이 되도록 묶어 보시오.

2. 단비는 100원짜리 동전 9개, 10원짜리 동전 10개를 가지고 있습니다. 단비가 가지고 있는 돈은 모두 얼마입니까?

[답]

3. 수를 쓰고 읽어 보시오.

1000이 8개인 수

[쓰기]　　　　　　　　，　[읽기]

4. ☐ 안에 알맞은 수를 써넣으시오.

(1) 1000원짜리 지폐 2장은 ☐ 원입니다.

(2) 1000장씩 묶여 있는 종이 ☐ 묶음은 모두 9000장입니다.

5. 준우가 은행에 저금하려고 저금통에 있는 돈을 모두 꺼냈습니다. 준우가 꺼낸 돈은 모두 얼마입니까?

[답] _____

6. □ 안에 알맞은 수를 써넣으시오.

(1) 1000이 6개, 100이 0개, 10이 5개, 1이 8개이면 [ ] 입니다.

(2) 4302는 1000이 [ ]개, 100이 [ ]개, 10이 [ ]개, 1이 [ ] 개인 수입니다.

7. 수를 읽어 보거나 수로 나타내시오.

(1) 3045 ( )   (2) 6914 ( )

(3) 칠천백일 ( )   (4) 천일 ( )

★ 이름 :

★ 날짜 :

★ 시간 :　시　분 ~　시　분

확인

1. 　9046 　을 보고 □ 안에 알맞은 수나 말을 써넣으시오.

(1) □ 의 자리 숫자 □ 는 9000을 나타냅니다.

(2) 백의 자리 숫자 □ 은 □ 을 나타냅니다.

(3) 십의 자리 숫자 □ 는 □ 을 나타냅니다.

(4) □ 의 자리 숫자 6은 □ 을 나타냅니다.

2. □ 안에 알맞은 수를 써넣으시오.

(1) 3527에서 천의 자리 숫자는 □ , 백의 자리 숫자는 □ , 십의 자리 숫자는 □ , 일의 자리 숫자는 □ 입니다.

(2) 천의 자리 숫자가 5, 백의 자리 숫자가 1, 십의 자리 숫자가 0, 일의 자리 숫자가 4이면 □ 입니다.

3. 숫자 8이 나타내는 수가 가장 큰 것에 ◯표, 가장 작은 것에 △표 하시오.

6738, 8760, 3800, 9182

4. 몇씩 뛰어서 센 것인지 알아보시오.

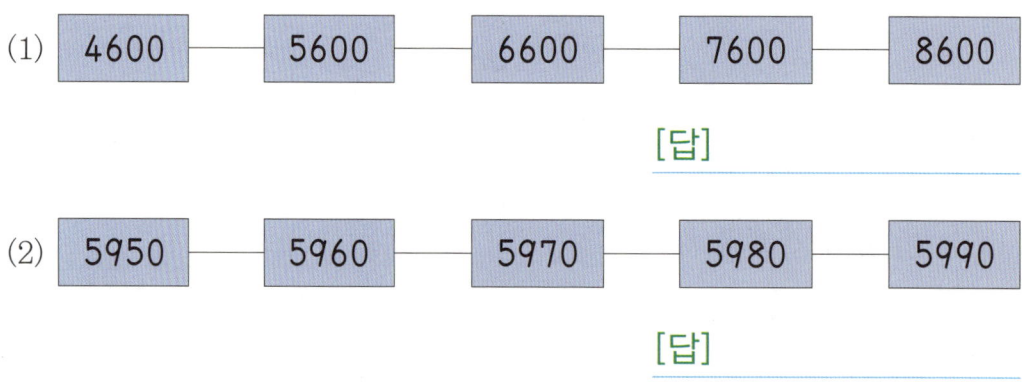

(1) 4600 — 5600 — 6600 — 7600 — 8600

[답] _____

(2) 5950 — 5960 — 5970 — 5980 — 5990

[답] _____

5. 뛰어 세는 규칙에 맞게 ☐ 안에 알맞은 수를 써넣으시오.

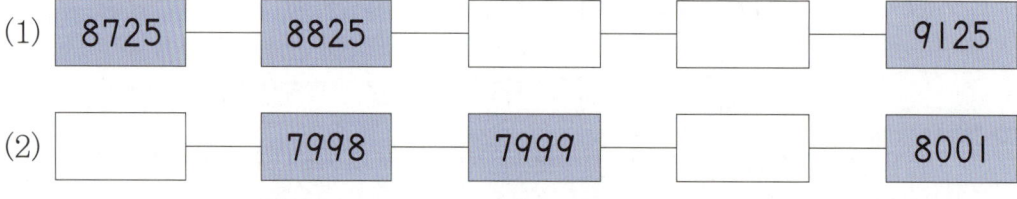

(1) 8725 — 8825 — ☐ — ☐ — 9125

(2) ☐ — 7998 — 7999 — ☐ — 8001

6. 두 수의 크기를 비교하여 ◯ 안에 >, <를 알맞게 써넣으시오.

(1) 2967 ◯ 2854

(2) 5807 ◯ 8801

(3) 6064 ◯ 6088

(4) 4901 ◯ 4900

★ 이름 :

★ 날짜 :

★ 시간 :   시   분 ~   시   분

확인

 창의력 학습

인성이는 산악인 엄홍길 아저씨를 무척 좋아합니다. 그래서 그 아저씨처럼 전 세계의 높은 산들을 등정하고 싶어 합니다. 인성이가 낮은 산부터 차례로 오르려는 계획을 갖고 있다면, [보기]의 산들을 어떤 순서대로 올라가야 합니까? 산의 높이를 직접 알아보고 등반 순서를 적어 보시오.

보기	한라산, 백두산, 설악산, 에베레스트 산, K2

설악산 1708 m				

혜진이는 내일 미술 수업 시간에 사용할 준비물을 챙기려고 합니다. 가지고 있는 크레파스와 가위는 책상 서랍에서 꺼내 가방에 넣었으나, 나머지는 모두 문구점에서 새로 사야 합니다. 준비물을 빠짐없이 챙기려면 모두 얼마의 돈이 필요합니까?

준비물

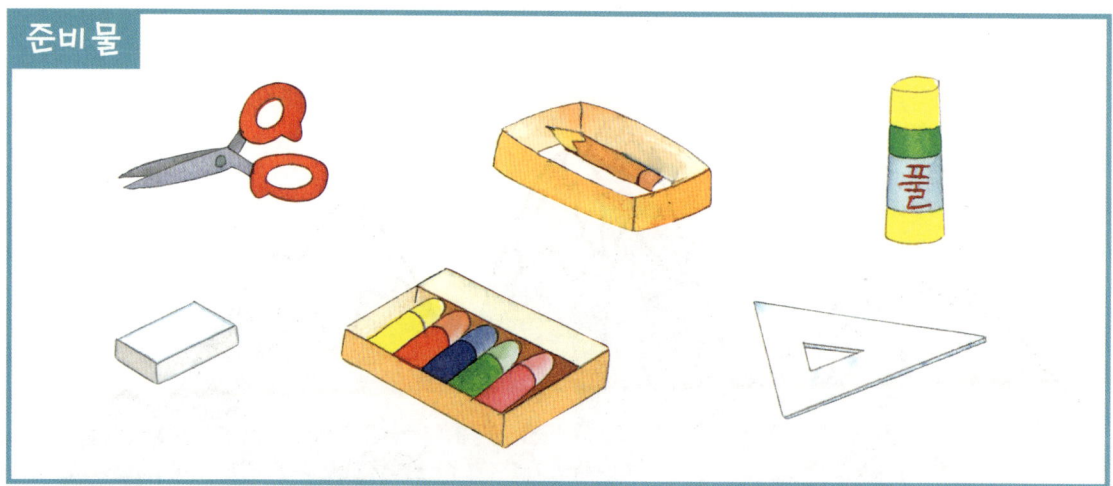

학용품	가격
가위	1200원
풀	150원
자	240원
크레파스	2000원
연필	300원
지우개	200원

✿ 이름 :

✿ 날짜 :

✿ 시간 :　　시　　분~　　시　　분

확인

➕ 경시 대회 예상 문제

1. ☐ 안에 알맞은 수를 써넣으시오.

(1) 1000이 1개, 100이 50개이면 ☐ 입니다.

(2) 1000이 5개, 100이 6개, 10이 16개이면 ☐ 입니다.

(3) 1000이 7개, 100이 ☐ 개이면 8300입니다.

2. 큰 수부터 차례로 기호를 쓰시오.

> ㉠ 9900보다 90 큰 수 　　　㉡ 900이 10개인 수
> ㉢ 9999보다 1 큰 수 　　　㉣ 100이 99개인 수

[답]

3. 서연이가 돼지 저금통에 있는 돈을 꺼냈더니 1000원짜리 지폐가 5장, 100원짜리 동전이 37개, 10원짜리 동전이 25개 나왔습니다. 꺼낸 돈은 모두 얼마입니까?

[답]

4. 십의 자리 숫자가 7인 가장 큰 네 자리 수를 구하시오.

[답]

5. 다음을 만족하는 네 자리 수를 모두 구하시오.

> - 9000보다 크고 10000보다 작습니다.
> - 백의 자리 숫자는 3입니다.
> - 십의 자리 숫자는 백의 자리 숫자의 2배입니다.
> - 일의 자리 숫자는 십의 자리 숫자보다 큽니다.

[답]

6. 샛별이의 저금통에는 오늘 현재 6850원이 들어 있습니다. 내일부터 일주일 동안 매일 100원씩 저금한다면 모두 얼마가 되겠습니까?

[답]

7. 어떤 수에서 10씩 3번을 뛰어 세었더니 8100이 되었습니다. 어떤 수는 얼마입니까?

[답]

8. 네 자리 수 중에서 8898보다 크고 8903보다 작은 수를 모두 쓰시오.

[답]

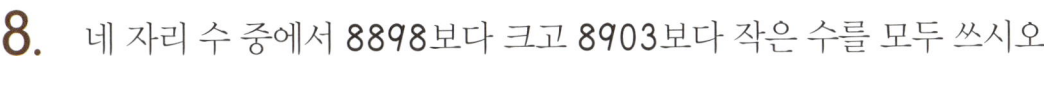

서술형·논술형

9. 4652는 4628보다 큽니다. 왜 4652가 4628보다 큰지 설명하시오.

10. □ 안의 한 개의 숫자가 지워져 보이지 않습니다. 큰 수부터 차례로 기호를 쓰시오.

> ㉠ 2536,   ㉡ 3□95,   ㉢ 30□0,   ㉣ 26□7

[답]

11. 0부터 9까지의 숫자 중에서 □ 안에 들어갈 수 있는 숫자를 모두 쓰시오.

> 85□3 < 8559

[답]

12. 천의 자리 숫자가 7, 일의 자리 숫자가 4인 네 자리 수 중에서 7034보다 작은 수는 모두 몇 개입니까?

[답]

13. 백의 자리 숫자가 3, 십의 자리 숫자가 8, 일의 자리 숫자가 4인 네 자리 수 중에서 7384보다 큰 수는 모두 몇 개입니까?

[답]

14. ☐3☐, ☐5☐, ☐0☐, ☐8☐, ☐4☐ 5장의 숫자 카드 중에서 4장을 뽑아 네 자리 수를 만들 때, 가장 큰 수와 가장 작은 수를 각각 구하시오.

[가장 큰 수] , [가장 작은 수]

🐓 서술형·논술형

15. 2, 0, 3, 7의 숫자를 한 번씩만 써서 만들 수 있는 네 자리 수 중에서 7000보다 큰 수는 모두 몇 개인지 풀이 과정을 써서 구하시오.

[답]

사고력도 탄탄! 창의력도 탄탄!

기탄고력수학

G1

G16a ~ G30b

학습 관리표

학습 내용		이번 주는?
덧셈과 뺄셈	· 세 자리 수의 덧셈 · 덧셈의 여러 가지 방법 · 세 자리 수의 뺄셈 · 뺄셈의 여러 가지 방법 · 창의력 학습 · 경시 대회 예상 분제	• 학습 방법 : ① 매일매일　② 가끔　③ 한꺼번에 　하였습니다. • 학습 태도 : ① 스스로 잘　② 시켜서 억지로 　하였습니다. • 하습 흥미 : ① 재미있게　② 싫증내며 　하였습니다. • 교재 내용 : ① 적합하다고　② 어렵다고　③ 쉽다고 　하였습니다.

지도 교사가 부모님께	부모님이 지도 교사께

평가	Ⓐ 아주 잘함　　Ⓑ 잘함　　Ⓒ 보통　　Ⓓ 부족함

원(교)　　　　반　　이름　　　　　전화

기초부터 탄탄하게
G 기탄교육

www.gitan.co.kr / (02)586-1007(대)

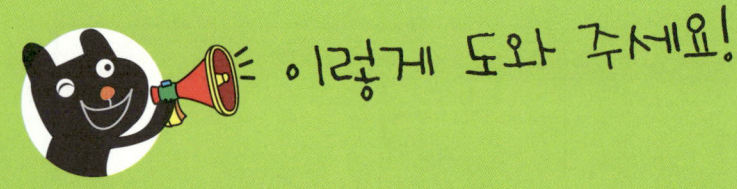

이렇게 도와 주세요!

● 학습 목표
- 세 자리 수끼리의 덧셈을 할 수 있다.
- 여러 가지 방법으로 덧셈을 하고, 설명할 수 있다.
- 세 자리 수끼리의 뺄셈을 할 수 있다.
- 여러 가지 방법으로 뺄셈을 하고, 설명할 수 있다.
- 덧셈과 뺄셈을 이용하여 문장으로 된 문제를 해결할 수 있다.

● 지도 내용
- 받아올림이 있는 세 자리 수의 덧셈의 계산 원리와 형식을 이해하고 계산하게 한다.
- 받아내림이 있는 세 자리 수의 뺄셈의 계산 원리와 형식을 이해하고 계산하게 한다.
- 여러 가지 방법으로 덧셈과 뺄셈을 해 보도록 한다.

● 지도 요점
세 자리 수끼리의 덧셈과 뺄셈을 형식화하여 능숙하게 계산할 수 있도록 합니다. 구체물의 조작 활동을 통하여 받아올림과 받아내림의 계산 원리를 이해하게 하고, 이를 형식화하여 계산 기능을 숙달시킵니다. 덧셈은 받아올림이 일의 자리, 십의 자리, 백의 자리에서 세 번 있는 경우까지 지도하고, 뺄셈은 받아내림이 백의 자리, 십의 자리에서 두 번 있는 경우까지 지도합니다.

G-16a

1. 은서네 학교에서는 연극을 보러 공연장에 갔습니다. 공연장에는 특별석이 328석, 일반석이 784석 있습니다. 공연장 좌석은 모두 몇천 몇백 석이나 되는지 어림하여 보시오.

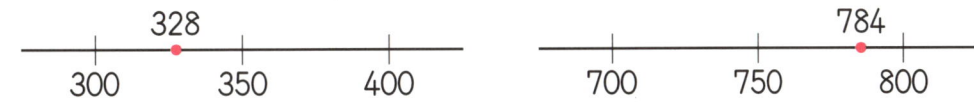

(1) 특별석은 몇백 석으로 어림할 수 있습니까?

[답]

(2) 일반석은 몇백 석으로 어림할 수 있습니까?

[답]

(3) 좌석은 모두 몇천 몇백 석으로 어림할 수 있습니까?

[답]

2. 869+543은 몇천 몇백으로 어림할 수 있는지 알아보려고 합니다. □ 안에 알맞은 수를 써넣으시오.

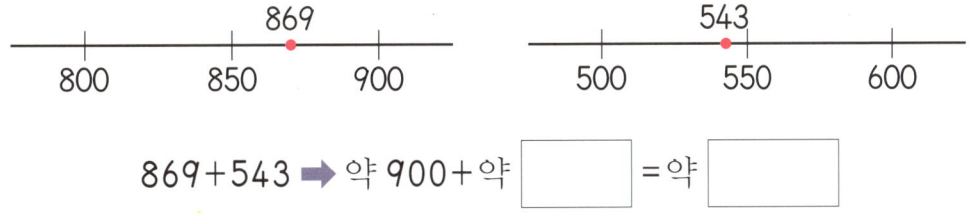

869+543 ➡ 약 900 + 약 □ = 약 □

3. 민호네 학교 학생들이 뮤지컬을 관람하였습니다. 남학생 683명, 여학생 539명이 관람하였다면 뮤지컬을 관람한 학생은 모두 몇천 몇백 몇십 명이나 되는지 어림하여 보시오.

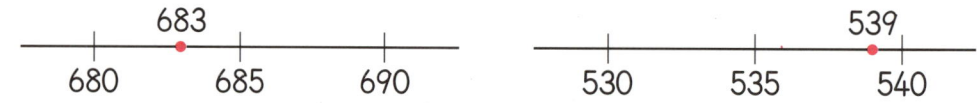

(1) 남학생은 몇백 몇십 명으로 어림할 수 있습니까?

[답]

(2) 여학생은 몇백 몇십 명으로 어림할 수 있습니까?

[답]

(3) 학생은 모두 몇천 몇백 몇십 명으로 어림할 수 있습니까?

[답]

4. 637+874는 몇천 몇백 몇십으로 어림할 수 있는지 알아보려고 합니다. □ 안에 알맞은 수를 써넣으시오.

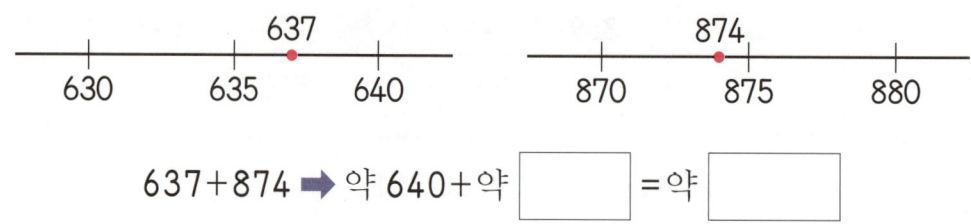

637+874 ➡ 약 640+약 □ =약 □

★ 이름 :

★ 날짜 :

★ 시간 : 시   분 ~ 시   분

◆ **세 자리 수의 덧셈**

$$
\begin{array}{r}
6\ 7\ 8 \\
+\ 7\ 9\ 5 \\
\hline
\end{array}
\quad \longrightarrow \quad
\begin{array}{r}
{\scriptstyle 1\ 1} \\
6\ 7\ 8 \\
+\ 7\ 9\ 5 \\
\hline
1\ 4\ 7\ 3
\end{array}
\qquad
678+795=1473
$$

- 일의 자리를 계산하여 8+5=13에서 3은 일의 자리에 쓰고, 1은 십의 자리로 받아올림합니다.
- 십의 자리를 계산하여 1+7+9=17에서 7은 십의 자리에 쓰고, 1은 백의 자리로 받아올림합니다.
- 백의 자리를 계산하여 1+6+7=14에서 4는 백의 자리에 쓰고, 1은 천의 자리에 씁니다.

🐸 다음 ☐ 안에 알맞은 숫자를 써넣으시오.(1~2)

1.
$$
\begin{array}{r}
6\ 6\ 3 \\
+\ 5\ 4\ 7 \\
\hline
\end{array}
\longrightarrow
\begin{array}{r}
\Box \\
6\ 6\ 3 \\
+\ 5\ 4\ 7 \\
\hline
\Box
\end{array}
\longrightarrow
\begin{array}{r}
\Box\ \Box \\
6\ 6\ 3 \\
+\ 5\ 4\ 7 \\
\hline
\Box\ \Box
\end{array}
\longrightarrow
\begin{array}{r}
\Box\ \Box \\
6\ 6\ 3 \\
+\ 5\ 4\ 7 \\
\hline
\Box\ \Box\ \Box\ \Box
\end{array}
$$

2.
$$
\begin{array}{r}
8\ 7\ 9 \\
+\ 4\ 7\ 9 \\
\hline
\end{array}
\longrightarrow
\begin{array}{r}
\Box \\
8\ 7\ 9 \\
+\ 4\ 7\ 9 \\
\hline
\Box
\end{array}
\longrightarrow
\begin{array}{r}
\Box\ \Box \\
8\ 7\ 9 \\
+\ 4\ 7\ 9 \\
\hline
\Box\ \Box
\end{array}
\longrightarrow
\begin{array}{r}
\Box\ \Box \\
8\ 7\ 9 \\
+\ 4\ 7\ 9 \\
\hline
\Box\ \Box\ \Box\ \Box
\end{array}
$$

👻 다음 ☐ 안에 알맞은 숫자를 써넣으시오.(3~10)

3.
```
  □ □
  8 6 8
+ 5 6 2
───────
```

4.
```
  □ □
  4 2 4
+ 8 9 7
───────
```

5.
```
  □ □
  8 2 9
+ 7 8 9
───────
```

6.
```
  □ □
  5 8 6
+ 6 8 7
───────
```

7.
```
  □ □
  5 7 8
+ 9 6 4
───────
```

8.
```
  □ □
  6 3 9
+ 8 6 2
───────
```

9.
```
  □ □
  4 3 5
+ 5 9 7
───────
```

10.
```
  □ □
  5 6 8
+ 5 7 8
───────
```

사고력 학습

🌸 이름 :

🌸 날짜 :

🌸 시간 :   시   분 ~   시   분

확인

🐸 다음 계산을 하시오.(1~8)

1.
```
    4 3 7
  + 2 6 8
```

2.
```
    8 7 5
  + 6 2 5
```

3.
```
    7 7 2
  + 9 5 9
```

4.
```
    7 7 6
  + 8 8 7
```

5.
```
    5 0 7
  + 8 9 7
```

6.
```
    6 4 2
  + 8 2 3
```

7.
```
    3 3 7
  + 9 8 5
```

8.
```
    6 4 3
  + 3 5 8
```

👻 다음 계산을 하시오.(9~18)

9. 686+938=

10. 644+783=

11. 875+236=

12. 653+459=

13. 778+992=

14. 673+327=

15. 562+628=

16. 694+308=

17. 704+998=

18. 579+987=

★ 이름 :

★ 날짜 :

★ 시간 :   시   분 ~   시   분

확인

1. 365+897을 여러 가지 방법으로 계산하여 보시오.

(1) 365 + 897
    ①
    +900 - 3
    ②
    1265
    ③
    1262

① 365에 897을 더하는 대신에 900을 더하고 ☐ 을 뺍니다.

② 365에 900을 더하면 ☐ 입니다.

③ 1265에서 3을 빼면 ☐ 입니다.

(2) 365 + 897
    360+5 +890+7
    ①
    1250   ②
              12
        ③
    1262

① 365에서 360과 897에서 890을 먼저 더하면 ☐ 입니다.

② 5와 7을 더하면 ☐ 입니다.

③ 1250과 12를 더하면 ☐ 입니다.

2. 699+914를 [보기]와 같은 방법으로 계산하여 보시오.

보기

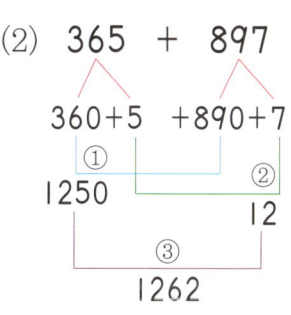

796 + 528
    800 - 4
    1328
    1324

699 + 914

 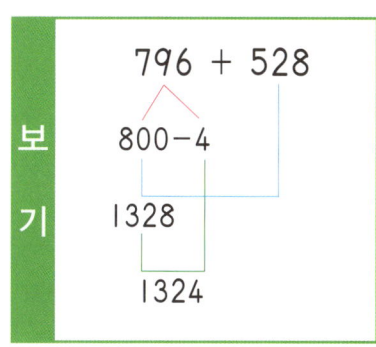

3. 795+687을 여러 가지 방법으로 계산하여 보시오.

(1) 795 + 687
　　　①
　　+5+682
　　②
　800
　　　③
　1482

① 795에 687을 더하는 대신에 5를 더하고 ☐ 를 더합니다.

② 795에 5를 더하면 ☐ 입니다.

③ 800에 682를 더하면 ☐ 입니다.

(2) 795 + 687
　　　①
　　+600+87
　　②
　1395
　　　③
　1482

① 795에 687을 더하는 대신에 600을 더하고 ☐ 을 더합니다.

② 795에 600을 더하면 ☐ 입니다.

③ 1395에 87을 더하면 ☐ 입니다.

4. 854+498을 [보기]와 같은 방법으로 계산하여 보시오.

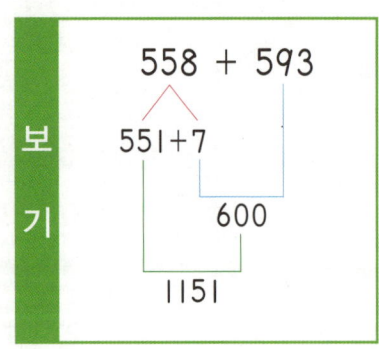

보기
558 + 593
551+7
600
1151

854 + 498

✿ 이름 :

✿ 날짜 :

✿ 시간 :　시　분 ~　시　분

확인

1. ☐ 안에 알맞은 수를 써넣으시오.

(1)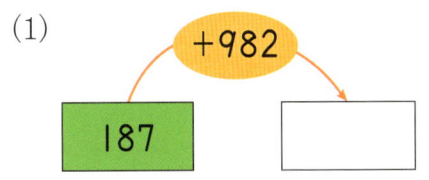

(2)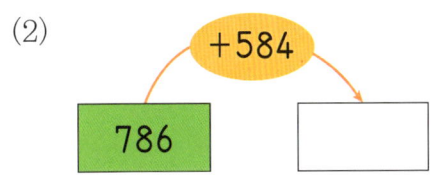

2. 빈칸에 두 수의 합을 써넣으시오.

(1)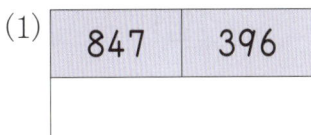

847	396

(2)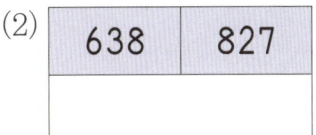

638	827

3. 그림을 보고 ☐ 안에 알맞은 수를 써넣으시오.

(1)

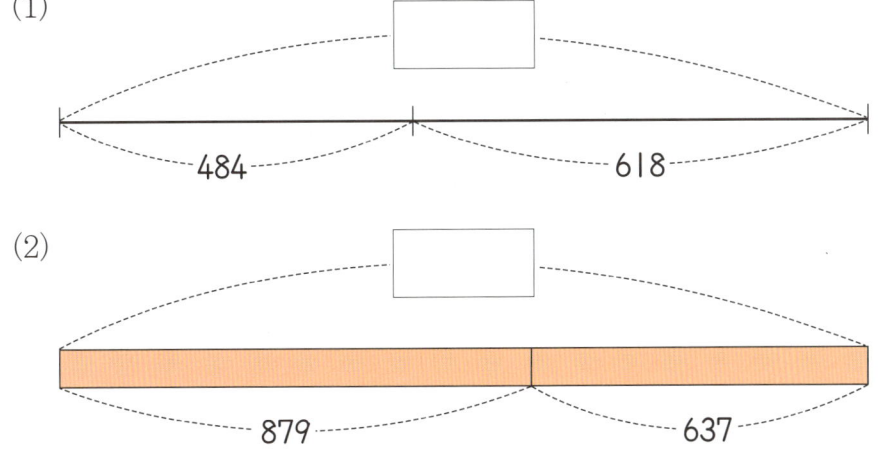

문제 해결력 학습

4. 농구 경기장에 어른은 807명, 어린이는 593명이 있습니다. 농구 경기장에 모인 사람은 모두 몇 명입니까?

[식]　　　　　　　　　　　　　　　　[답]

5. 자동차를 만드는 회사에서 3월에는 458대를 만들었고, 4월에는 564대를 만들었습니다. 이 회사가 두 달 동안 만든 자동차는 모두 몇 대입니까?

[식]　　　　　　　　　　　　　　　　[답]

6. 미영이네 과수원에서는 작년에 사과를 949개 수확하였고, 올해에는 작년보다 139개 더 많이 수확하였습니다. 올해에 수확한 사과는 몇 개입니까?

[식]　　　　　　　　　　　　　　　　[답]

7. 공원의 한 바퀴는 687 m입니다. 선우는 아침마다 2바퀴씩 뜁니다. 선우가 오늘 아침에 뛴 거리는 모두 몇 m입니까?

[식]　　　　　　　　　　　　　　　　[답]

★ 이름 :

★ 날짜 :

★ 시간 :　　시　　분 ~　　시　　분

확인

1. 전교 어린이 회장 선거에서 은미는 **285**표, 정수는 **422**표를 얻어서 정수가 회장이 되었습니다. 정수가 은미보다 몇백 표를 더 많이 얻었는지 어림하여 보시오.

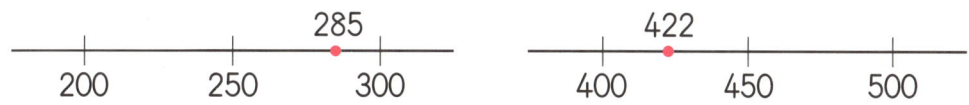

(1) 은미가 얻은 표는 어림하여 몇백 표라고 할 수 있습니까?

[답]

(2) 정수가 얻은 표는 어림하여 몇백 표라고 할 수 있습니까?

[답]

(3) 정수가 은미보다 더 많이 얻은 표는 어림하여 몇백 표라고 할 수 있습니까?

[답]

2. **862 − 278**은 몇백으로 어림할 수 있는지 알아보려고 합니다. ☐ 안에 알맞은 수를 써넣으시오.

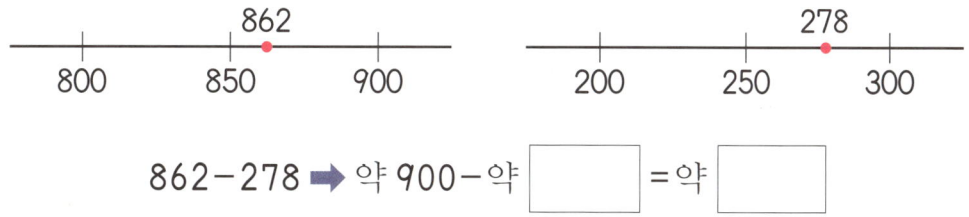

862 − 278 ➡ 약 900 − 약 ☐ = 약 ☐

사고력 학습

3. 선희네 집에서는 닭을 813마리 키우고 있습니다. 그중에서 364마리를 팔았습니다. 남은 닭은 몇백 몇십 마리나 되는지 어림하여 보시오.

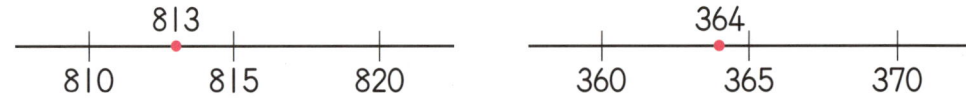

(1) 선희네 집에서 키우고 있던 닭은 어림하여 몇백 몇십 마리라고 할 수 있습니까?

[답] _____

(2) 판 닭은 어림하여 몇백 몇십 마리라고 할 수 있습니까?

[답] _____

(3) 남은 닭은 어림하여 몇백 몇십 마리라고 할 수 있습니까?

[답] _____

4. 721−459는 몇백 몇십으로 어림할 수 있는지 알아보려고 합니다. ☐ 안에 알맞은 수를 써넣으시오.

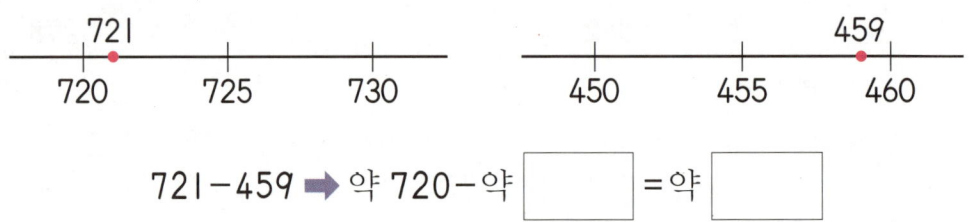

721−459 ➡ 약 720−약 ☐ = 약 ☐

★ 이름 :

★ 날짜 :

★ 시간 :　　　시　　분~　　시　　분

확인

◆ 세 자리 수의 뺄셈

$$
\begin{array}{r}
7\ 3\ 0 \\
-\ 3\ 4\ 5 \\
\end{array}
\longrightarrow
\begin{array}{r}
{\scriptstyle 6\ 12\ 10} \\
7\ 3\ 0 \\
-\ 3\ 4\ 5 \\
\hline
3\ 8\ 5 \\
\end{array}
\qquad 730-345=385
$$

• 십의 자리에서 받아내림하면 10-5=5에서 5는 일의 자리에 쓰고, 십의 자리는 2임을 기억합니다.

• 백의 자리에서 받아내림하면 12-4=8에서 8은 십의 자리에 쓰고, 백의 자리는 6임을 기억합니다.

• 백의 자리를 계산하면 6-3=3에서 3을 백의 자리에 씁니다.

🐸 다음 □ 안에 알맞은 숫자를 써넣으시오.(1~2)

1.
$$
\begin{array}{r}
9\ 2\ 5 \\
-\ 2\ 4\ 6 \\
\end{array}
\longrightarrow
\begin{array}{r}
\square\square \\
9\ 2\ 5 \\
-\ 2\ 4\ 6 \\
\hline
\square \\
\end{array}
\longrightarrow
\begin{array}{r}
\square\square\square \\
9\ 2\ 5 \\
-\ 2\ 4\ 6 \\
\hline
\square\square \\
\end{array}
\longrightarrow
\begin{array}{r}
\square\square\square \\
9\ 2\ 5 \\
-\ 2\ 4\ 6 \\
\hline
\square\square\square \\
\end{array}
$$

2.
$$
\begin{array}{r}
5\ 4\ 3 \\
-\ 3\ 9\ 7 \\
\end{array}
\longrightarrow
\begin{array}{r}
\square\square \\
5\ 4\ 3 \\
-\ 3\ 9\ 7 \\
\hline
\square \\
\end{array}
\longrightarrow
\begin{array}{r}
\square\square\square \\
5\ 4\ 3 \\
-\ 3\ 9\ 7 \\
\hline
\square\square \\
\end{array}
\longrightarrow
\begin{array}{r}
\square\square\square \\
5\ 4\ 3 \\
-\ 3\ 9\ 7 \\
\hline
\square\square\square \\
\end{array}
$$

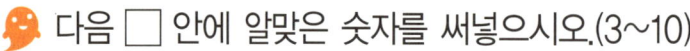

👻 다음 ☐ 안에 알맞은 숫자를 써넣으시오.(3~10)

3.
```
  ☐☐☐
  6̸ 3 4
- 4 8 5
─────────
  ☐☐☐
```

4.
```
  ☐☐☐
  8̸ 1̸ 2
- 1 7 6
─────────
  ☐☐☐
```

5.
```
  ☐☐☐
  6̸ 4̸ 0
- 2 6 8
─────────
  ☐☐☐
```

6.
```
  ☐☐☐
  9̸ 4̸ 3
- 3 5 8
─────────
  ☐☐☐
```

7.
```
  ☐☐☐
  9̸ 2 1
- 1 5 7
─────────
  ☐☐☐
```

8.
```
  ☐☐☐
  7̸ 3̸ 2
- 2 3 9
─────────
  ☐☐☐
```

9.
```
  ☐☐☐
  6̸ 2̸ 6
- 3 6 8
─────────
  ☐☐☐
```

10.
```
  ☐☐☐
  8̸ 1̸ 0
- 7 9 3
─────────
  ☐☐☐
```

★ 이름 :

★ 날짜 :

★ 시간 :　시　분～　시　분

확인

🐸 다음 계산을 하시오.(1~8)

1.
```
  8 1 6
- 1 7 9
```

2.
```
  5 6 4
- 3 2 8
```

3.
```
  9 2 7
- 4 5 8
```

4.
```
  8 0 0
- 2 5 9
```

5.
```
  6 4 7
- 2 7 2
```

6.
```
  7 1 5
- 5 4 6
```

7.
```
  4 2 0
- 3 3 3
```

8.
```
  5 0 4
- 1 2 8
```

다음 계산을 하시오.(9~18)

9. 723-588=

10. 504-238=

11. 526-157=

12. 837-579=

13. 600-234=

14. 438-264=

15. 513-294=

16. 712-413=

17. 990-444=

18. 651-289=

1. 851 - 396을 여러 가지 방법으로 계산하여 보시오.

(1) 851 - 396
　　　　　　　①
　　　　　 -400 + 4
　　　　　②
　　　　451
　　　　　　　③
　　　　　455

① 851에서 396을 빼는 대신에 400을 빼고 ☐ 를 더합니다.

② 851에서 400을 빼면 ☐ 입니다.

③ 451에 4를 더하면 ☐ 입니다.

(2) 851 - 396
　　　　　　①
　　　　 -390 - 6
　　　　②
　　　461
　　　　　　③
　　　　455

① 851에서 396을 빼는 대신에 390을 먼저 빼고 나중에 ☐ 을 뺍니다.

② 851에서 390을 빼면 ☐ 입니다.

③ 461에서 6을 빼면 ☐ 입니다.

2. 724 - 496을 [보기]와 같은 방법으로 계산하여 보시오.

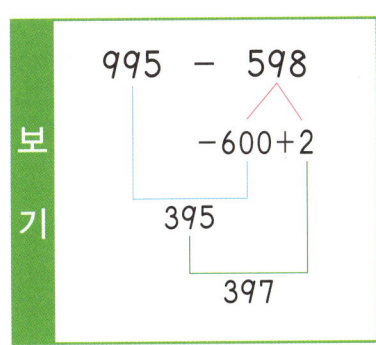

보기
995 - 598
　　　　 -600 + 2
　　395
　　　　 397

724 - 496

3. 824－195를 여러 가지 방법으로 계산하여 보시오.

(1)
```
    824  －  195
     ①
   800＋24
       ②
   605
       ③
    629
```

① 824를 800보다 [ ] 큰 수로 생각합니다.

② 800에서 195를 빼면 [ ] 입니다.

③ 605에 24를 더하면 [ ] 입니다.

(2)
```
    824  －  195
  (824＋5)－(195＋5)
      ①       ②
     829  －  200
          ③
       629
```

① 824에 [ ] 를 더하여 829로 생각합니다.

② 195에 [ ] 를 더하여 200으로 생각합니다.

③ 829에서 200을 빼면 [ ] 입니다.

4. 791－494를 [보기]와 같은 방법으로 계산하여 보시오.

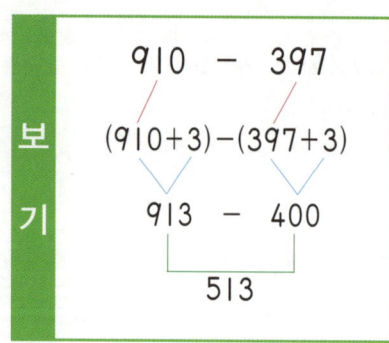

보기
```
    910  －  397
  (910＋3)－(397＋3)
     913  －  400
          513
```

791 － 494

1. ☐ 안에 알맞은 수를 써넣으시오.

(1)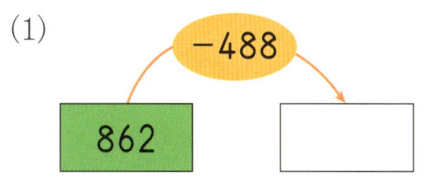

(2)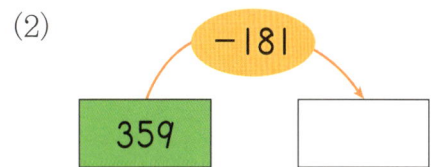

2. 빈칸에 두 수의 차를 써넣으시오.

(1)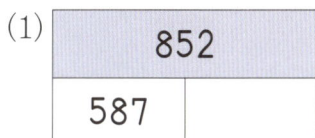

852	
587	

(2)

730	
	191

3. 그림을 보고 ☐ 안에 알맞은 수를 써넣으시오.

(1)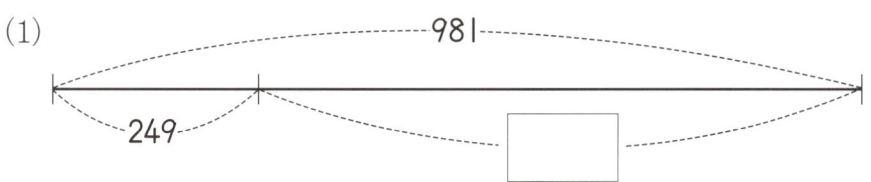

(2)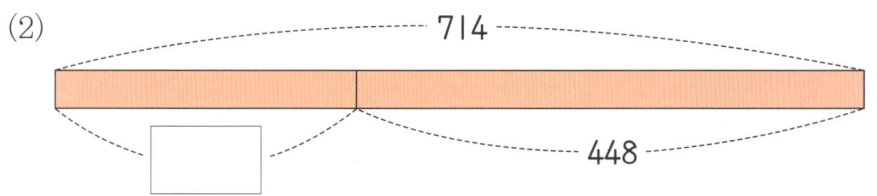

4. 윤정이네 학교 도서실에는 동화책 605권, 위인전 367권이 있습니다. 동화책은 위인전보다 몇 권 더 많습니까?

[식]   [답]

5. 성진이네 학교 남학생은 659명이고 여학생은 734명입니다. 남학생은 여학생보다 몇 명 더 적습니까?

[식]   [답]

6. 문구점에 공책이 560권 있었습니다. 지금까지 판 공책이 234권입니다. 남아 있는 공책은 몇 권입니까?

[식]   [답]

7. 열차에 승객이 426명 타고 있습니다. 그중에서 남자는 278명입니다. 여자는 몇 명입니까?

[식]   [답]

★ 이름 :

★ 날짜 :

★ 시간 :　　시　　분 ～ 　시　　분

확인

1. 빈칸에 알맞은 수를 써넣으시오.

(1)

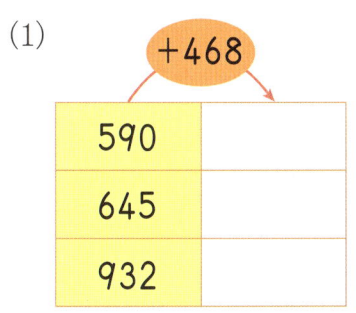

+468	
590	
645	
932	

(2)

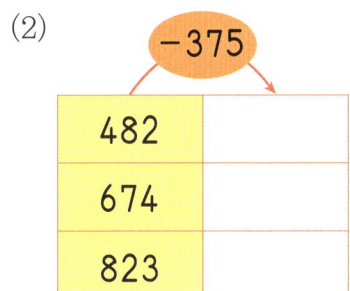

-375	
482	
674	
823	

2. 빈칸에 알맞은 수를 써넣으시오.

(1)

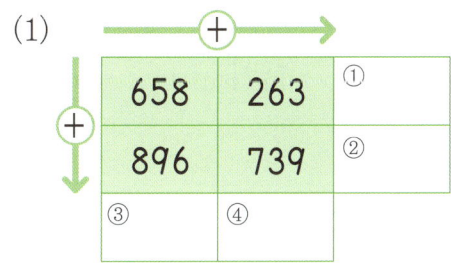

+		①
658	263	①
896	739	②
③	④	

(2)

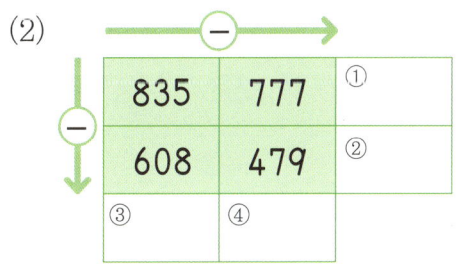

−		①
835	777	①
608	479	②
③	④	

3. ○ 안에 >, =, <를 알맞게 써넣으시오.

(1) 768+654 ◯ 483+939

(2) 530-162 ◯ 833-475

4. 숫자 카드를 한 번씩만 사용하여 세 자리 수를 만들 때, 만들 수 있는 가장 큰 수와 가장 작은 수의 합을 구하시오.

[답] _____

5. 숫자 카드를 한 번씩만 사용하여 세 자리 수를 만들 때, 만들 수 있는 가장 큰 수와 가장 작은 수의 차를 구하시오.

| 2 | 9 | 7 |

[답] _____

6. □ 안에 알맞은 수를 써넣으시오.

(1)

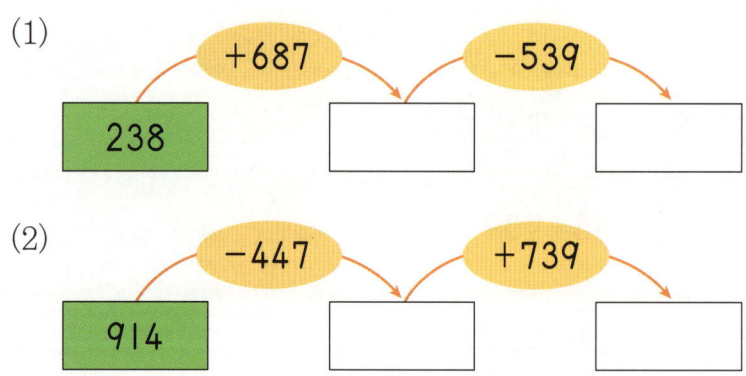

238 → +687 → ☐ → −539 → ☐

(2)

914 → −447 → ☐ → +739 → ☐

🌸 이름 :

🌸 날짜 :

🌸 시간 :　　시　분~　　시　분

확인

1. 계산 결과가 작은 것부터 차례로 기호를 쓰시오.

> ㉠ 644+727,　　㉡ 882+419
>
> ㉢ 951-662,　　㉣ 586-289

[답]

2. [보기]와 같은 방법으로 계산하여 보시오.

(1)

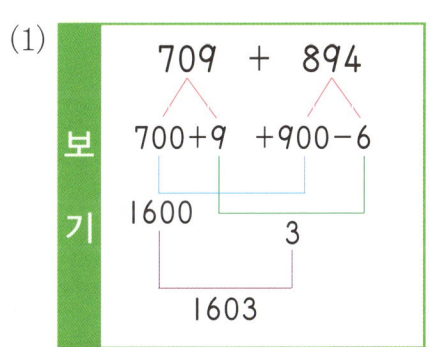

보기

$$709 + 894$$

700+9　+900-6

1600

3

1603

512 + 698

(2)

보기

$$805 - 199$$

800+5　-200+1

600

6

606

706 - 595

3. □ 안에 알맞은 숫자를 써넣으시오.

(1)
```
    6 5 4
  + 4 □ □
  ───────
  1 □ 2 1
```

(2)
```
    8 5 □
  + 6 □ 9
  ───────
  1 □ 4 3
```

(3)
```
    □ 2 □
  - 4 7 8
  ───────
    2 □ 3
```

(4)
```
    8 0 □
  - □ 7 4
  ───────
    3 □ 8
```

4. 파란색 숫자 카드 4장 중에서 3장을 뽑아 가장 큰 세 자리 수를, 빨간색 숫자 카드 4장 중에서 3장을 뽑아 가장 작은 세 자리 수를 만들었습니다. 물음에 답하시오.

 2 7 5 9   9 8 2 7

(1) 만든 두 수의 합을 구하시오.

[답]

(2) 만든 두 수의 차를 구하시오.

[답]

★ 이름 :

★ 날짜 :

★ 시간 : 시 분 ~ 시 분

확인

창의력 학습

야구장에 다음의 야구 선수들이 서 있습니다. 가운데 서 있는 A 선수를 빼고, 각 줄에 서 있는 세 선수들의 등번호 합이 모두 A 선수의 등번호와 같게 하려고 합니다. 각 선수들을 어디에 세워야 합니까?

야구 선수	등번호
A	61
B	36
C	16
D	10
E	25

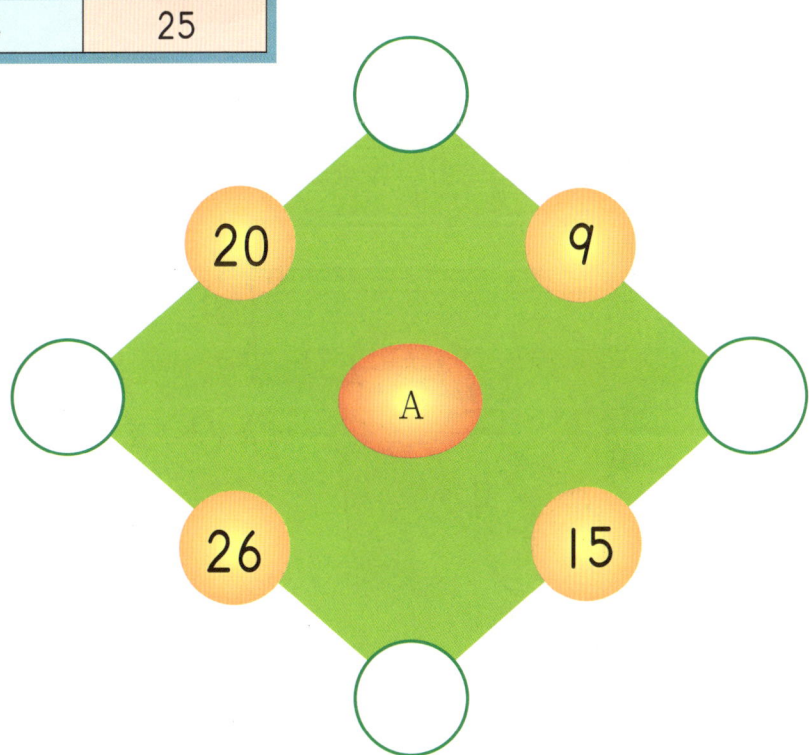

상진이가 지하철을 타고 엄마와 함께 백화점에 가려고 합니다. 상진이와 엄마는 종로 5가 역에서 지하철을 탔습니다. 상진이와 엄마가 지하철을 탔더니 승객이 모두 500명이 되었습니다. 그런데 종로 3가 역에서 125명이 내리고 98명이 탔고, 종각 역에서 203명이 내리고 152명이 탔습니다. 시청 역이 종착역이라면 시청 역에서는 몇 명이 내립니까?

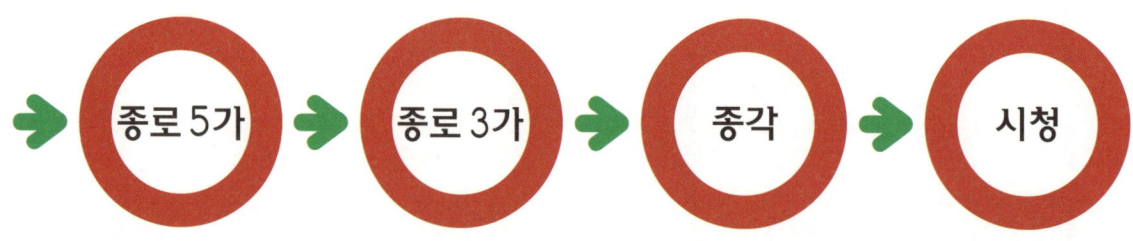

종로 5가 → 종로 3가 → 종각 → 시청

✿ 이름 :

✿ 날짜 :

✿ 시간 :   시   분 ~   시   분

확인

경시 대회 예상 문제

1. ☐ 안에 들어갈 알맞은 숫자를 구하시오.

(1) $837 + 48\square = 1322$

[답]

(2) $6\square2 - 347 = 255$

[답]

2. 빈 곳에 알맞은 수를 써넣으시오.

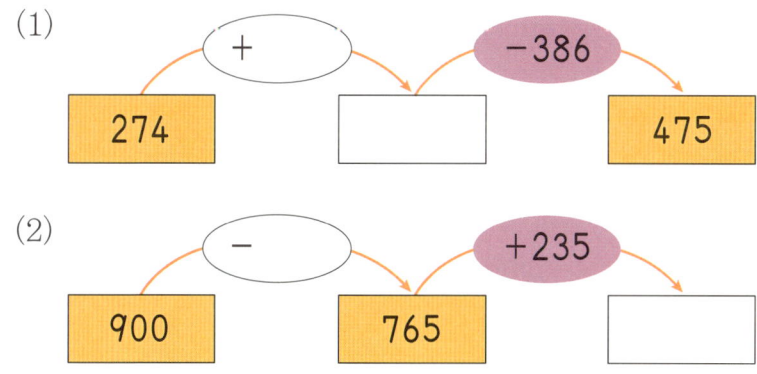

(1)

274 → (+) → ☐ → (−386) → 475

(2)

900 → (−) → 765 → (+235) → ☐

3. 100이 6개, 10이 25개, 1이 6개인 수와 577의 합은 얼마입니까?

[답]

4. 백의 자리 숫자가 3, 십의 자리 숫자가 8, 일의 자리 숫자가 7인 세 자리 수와 534의 차는 얼마입니까?

[답]

5. □ 안에 알맞은 수를 써넣으시오.

(1) $902 - 354 = 279 +$ ⬚

(2) $800 - 642 = 903 -$ ⬚

6. 어떤 수에 439를 더해야 할 것을 잘못하여 493을 더했더니 812가 되었습니다. 바르게 계산하면 얼마입니까?

[답]

7. 626에서 어떤 수를 빼야 할 것을 잘못하여 더하였더니 914가 되었습니다. 바르게 계산하면 얼마입니까?

[답]

서술형·논술형

8. 집에서 우체국까지의 거리가 822 m일 때, 문구점에서 학교까지의 거리를 풀이 과정을 써서 구하시오.

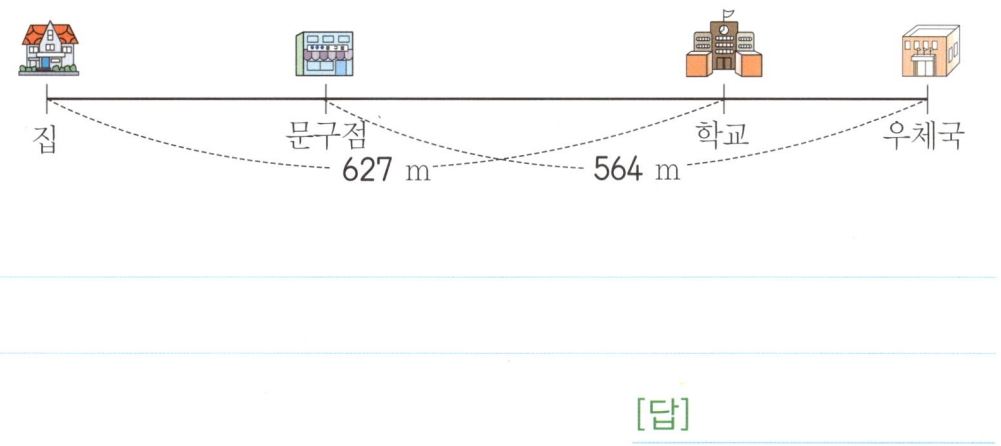

[답]

9. 0부터 9까지의 숫자 중에서 □ 안에 들어갈 수 있는 숫자를 모두 구하시오.

(1) $756+47\square < 1230$ [답]

(2) $265 > 543-2\square8$ [답]

10. 3, 0, 4, 9 4장의 숫자 카드 중에서 3장을 뽑아 세 자리 수를 만들 때, 만들 수 있는 가장 큰 수와 가장 작은 수의 합을 구하시오.

[답]

11. 526과 788의 합은 1314입니다. 왜 526+788=1314인지 서로 다른 2가지 방법으로 설명하시오.

12. 412와 295의 차는 117입니다. 왜 412-295=117인지 서로 다른 2가지 방법으로 설명하시오.

 서술형·논술형

13. 4, 0, 1, 8 4장의 숫자 카드 중에서 3장을 뽑아 세 자리 수를 만들려고 합니다. 만들 수 있는 수 중에서 둘째로 큰 수와 둘째로 작은 수의 차를 풀이 과정을 써서 구하시오.

_____

_____

[답]

사고력도 탄탄! 창의력도 탄탄!

기탄고력수학

G1

G31a ~ G45b

학습 관리표

학습 내용		이번 주는?
평면도형	· 각과 직각의 이해 · 직각삼각형, 직사각형, 정사각형의 이해 · 창의력 학습 · 경시 대회 예상 문제	· 학습 방법 : ① 매일매일 ② 가끔 ③ 한꺼번에 　　　　　　 하였습니다. · 학습 태도 : ① 스스로 잘 ② 시켜서 억지로 　　　　　　 하였습니다. · 학습 흥미 : ① 재미있게 ② 싫증내며 　　　　　　 하였습니다. · 교재 내용 : ① 적합하다고 ② 어렵다고 ③ 쉽다고 　　　　　　 하였습니다.

지도 교사가 부모님께	부모님이 지도 교사께

평가	Ⓐ 아주 잘함　　　Ⓑ 잘함　　　Ⓒ 보통　　　Ⓓ 부족함

원(교)　　　　　반　　이름　　　　　전화

기초부터 탄탄하게
G 기탄교육

www.gitan.co.kr / (02)586-1007(대)

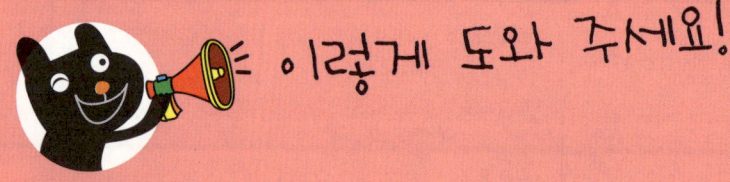

이렇게 도와 주세요!

● **학습 목표**
– 생활 속의 예를 통하여 각과 직각을 이해하고, 찾고, 그릴 수 있다.
– 직각삼각형, 직사각형, 정사각형의 뜻을 알고, 찾고, 그릴 수 있다.

● **지도 내용**
– 각과 직각을 알고, 주어진 도형에서 각과 직각을 찾아보도록 한다.
– 직각삼각형을 이해하고, 구분해 보도록 한다.
– 직사각형, 정사각형을 이해하고, 구분해 보도록 한다.

● **지도 요점**
구체물의 관찰을 통하여 직관적으로 각을 이해하게 하고, 각을 구체물로부터 추상화하여 순수한 도형으로 볼 수 있도록 지도합니다.
각에서 꼭짓점과 변을 찾고 주변에서 각과 직각을 찾아보게 합니다. 직각을 가진 삼각형으로 직각삼각형을 이해시키고 직각삼각형을 주변의 구체물에서 찾아보게 합니다. 사각형에서 직각의 개수와 변의 길이에 따라 직사각형과 정사각형을 구분할 수 있도록 지도합니다.

● 이름 :

● 날짜 :

● 시간 : 시 분 ~ 시 분

확인

◆ **각 알아보기**

한 점에서 그은 두 반직선으로 이루어진 도형을 각이라고 합니다.

오른쪽 각에서 점 ㄴ을 꼭짓점이라 하고, 반직선 ㄴㄱ과 반직선 ㄴㄷ을 변이라고 합니다. 이 각을 각 ㄱㄴㄷ 또는 각 ㄷㄴㄱ이라고 합니다.

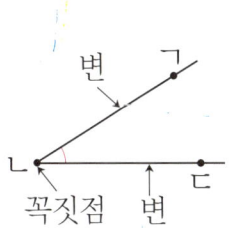

🐸 다음 그림을 보고 알맞은 말에 모두 ○표 하시오.(1~4)

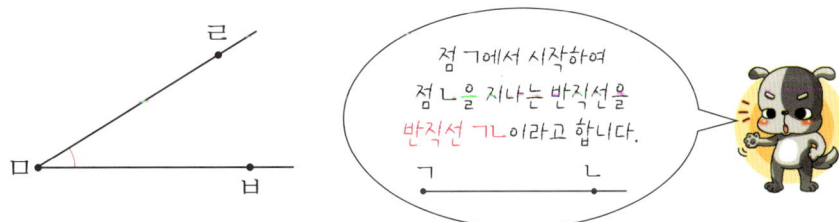

점 ㄱ에서 시작하여 점 ㄴ을 지나는 반직선을 반직선 ㄱㄴ이라고 합니다.

1. 위와 같이 한 점에서 그은 두 반직선으로 이루어진 도형을 (삼각형, 사각형, 각)이라고 합니다.

2. 위의 도형에서 점 (ㄹ, ㅁ, ㅂ)을 꼭짓점이라고 합니다.

3. 위의 도형에서 반직선 (ㅁㄹ, ㅁㅂ, ㄹㅂ)을 변이라고 합니다.

4. 위의 도형을 각 (ㄹㅁㅂ, ㅁㅂㄹ, ㅂㄹㅁ)이라고 합니다.

5. ☐ 안에 알맞은 말을 써넣으시오.

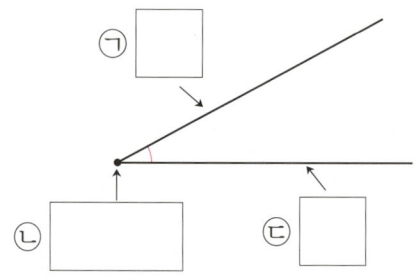

6. 각을 모두 찾아 ○표 하시오.

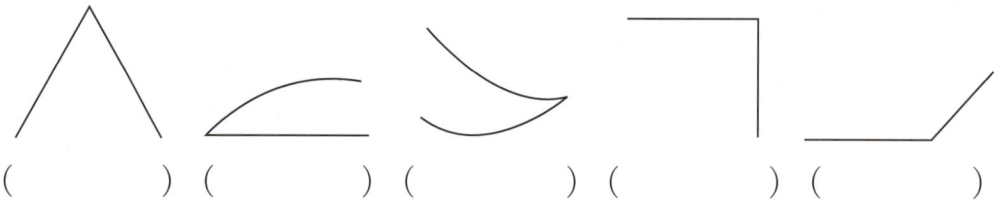

(　　　) (　　　　) (　　　　) (　　　　) (　　　　)

7. 그림을 보고 (　　) 안에 알맞게 써 보시오.

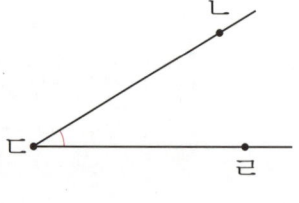

(1) 각 읽기 : 각 (　　　　　) 또는 각 (　　　　　　)

(2) 변 읽기 : 변 (　　　　　)

　　　　　　 변 (　　　　　)

🌸 이름 :

🌸 날짜 :

🌸 시간 :   시   분 ~   시   분

확인

1. 각을 읽어 보시오.

(1)
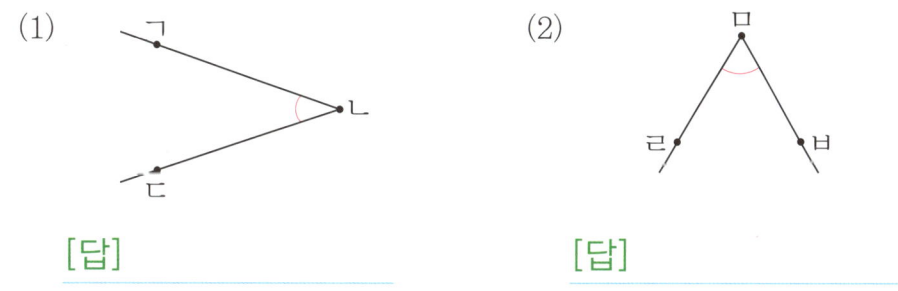

[답] _____

(2)

[답] _____

2. 각의 수가 많은 도형부터 차례로 기호를 쓰시오.

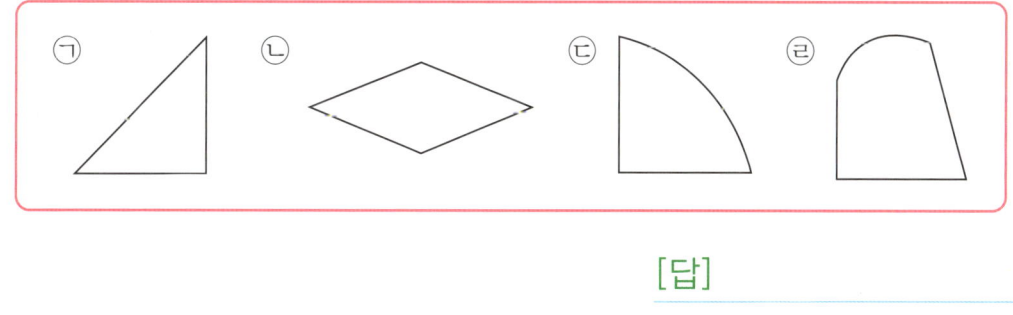

[답] _____

3. 그림에서 크고 작은 각은 모두 몇 개인지 구하시오.

[답] _____

4. 각 ㄷㅁㅂ을 그리시오.

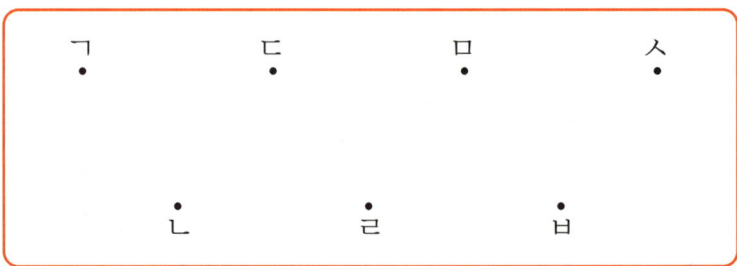

5. 각 ㄷㄴㅁ을 그리시오.

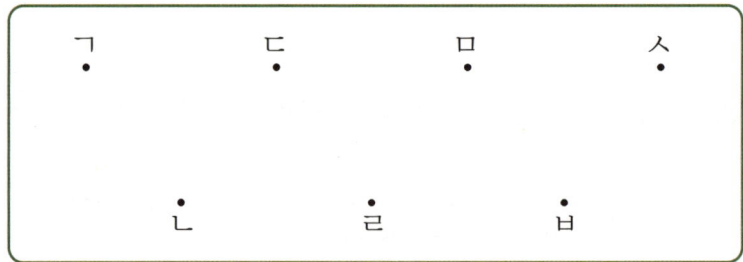

6. 각 ㄷㄱㄹ과 각 ㄹㅅㅂ을 각각 그리시오.

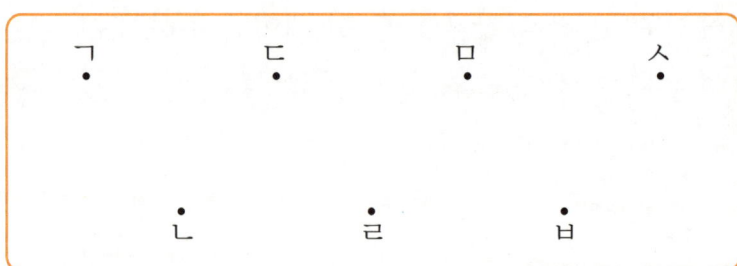

✿ 이름 :

✿ 날짜 :

✿ 시간 :　시　분 ~ 시　분

확인

◆ **직각 알아보기**

• 각 ㄱㄴㄷ과 같은 모양의 각을 직각이라고 합니다.

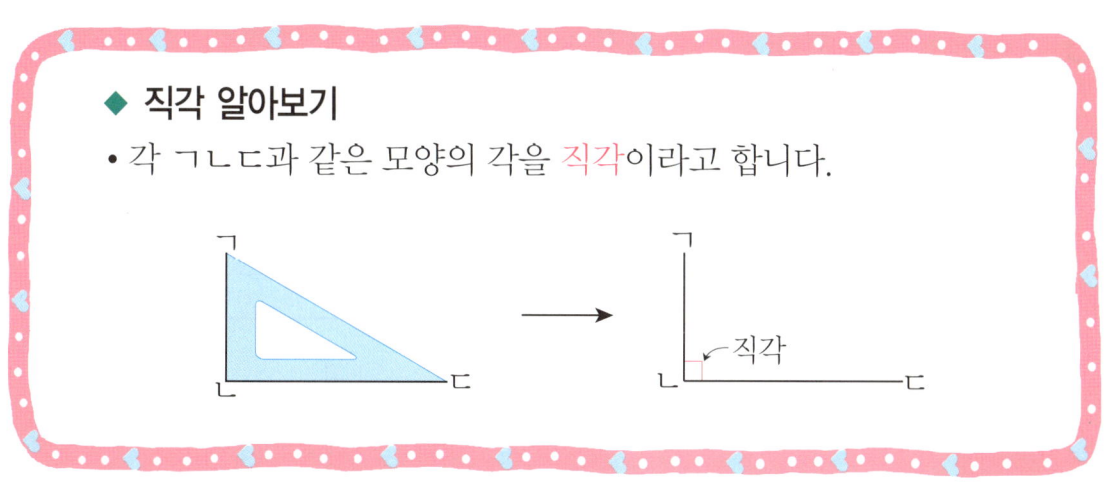

🐸 [보기]의 그림에서 ◯표 한 부분과 같은 모양의 각을 직각이라고 합니다. 다음 도형에서 직각을 모두 찾아 ◯표 하시오.(1~4)

1.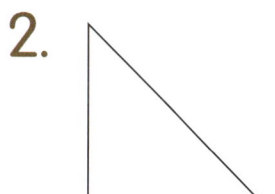

2.

3.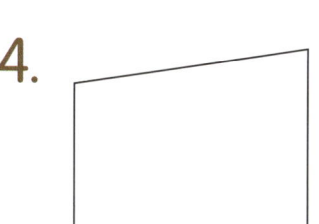

4.

5. 직각을 모두 찾아 기호를 쓰시오.

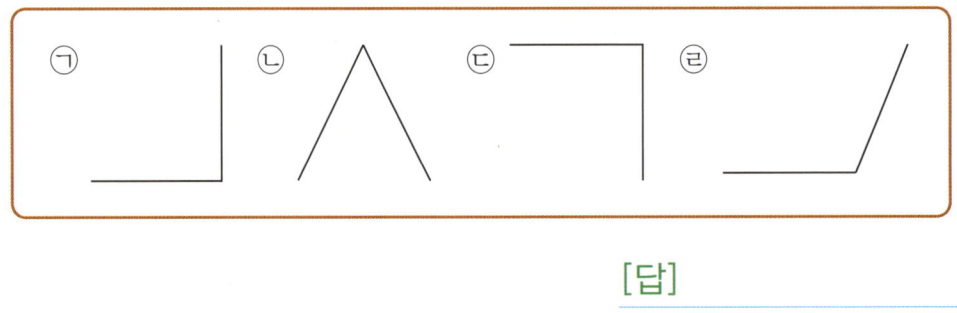

[답] _____

6. 직각이 가장 많은 도형을 찾아 기호를 쓰시오.

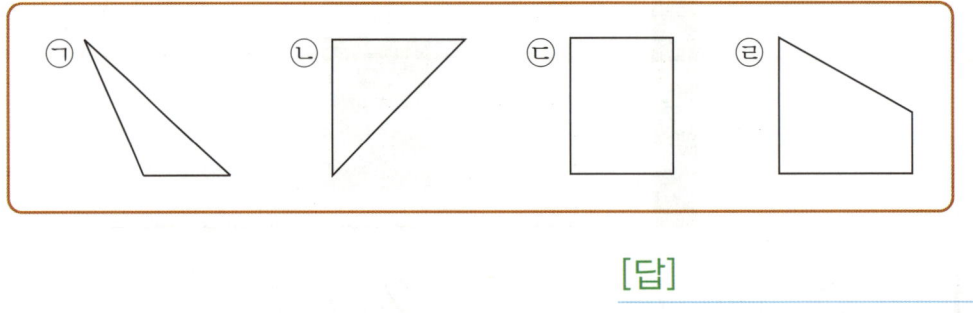

[답] _____

7. 그림에서 직각을 모두 찾아 └ 으로 표시하시오.

(1)
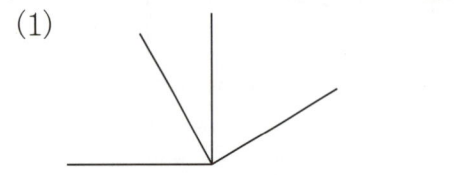

(2)
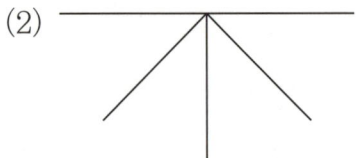

✿ 이름 :

✿ 날짜 :

✿ 시간 :　　　시　　분 ~　　시　　분

확인

---

1. 그림에서 직각을 모두 찾아 └┐으로 표시하고 몇 개인지 구하시오.

(1)

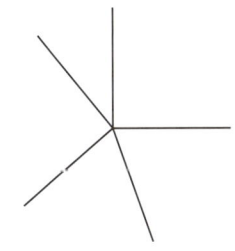

[답]

(2)

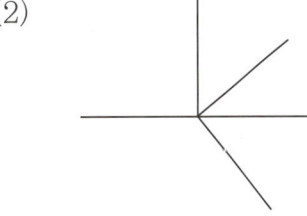

[답]

---

2. 그림에서 직각을 모두 찾아 └┐으로 표시하고 몇 개인지 구하시오.

(1)

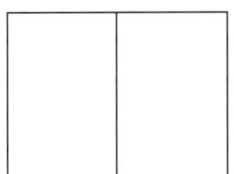

[답]

(2)

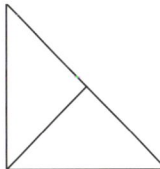

[답]

---

3. 모눈종이에 직각을 그리려고 합니다. 나머지 부분을 완성하여 보시오.

(1)

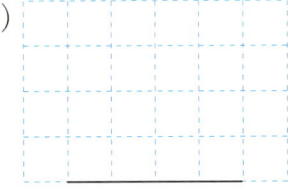

(2)

4. 그림을 보고 물음에 답하시오.

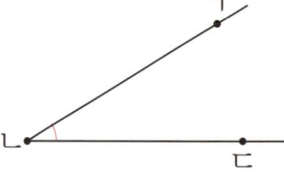

    (1) 각을 읽어 보시오.

                            [답] _____

    (2) 꼭짓점을 말하시오.

                            [답] _____

    (3) 두 변을 말하시오.

             [답] _____

5. 그림을 보고 □ 안에 알맞은 수나 말을 써넣으시오.

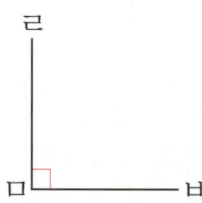

    (1) 각에는 변이 ☐ 개, 꼭짓점이 ☐ 개 있습니다.

    (2) 그림과 같은 모양의 각을 ☐ 이라고 합니다.

✿ 이름 :

✿ 날짜 :

✿ 시간 :   시   분 ~   시   분

확인

◆ **직각삼각형 알아보기**

• 한 각이 직각인 삼각형을 직각삼각형이라고 합니다.

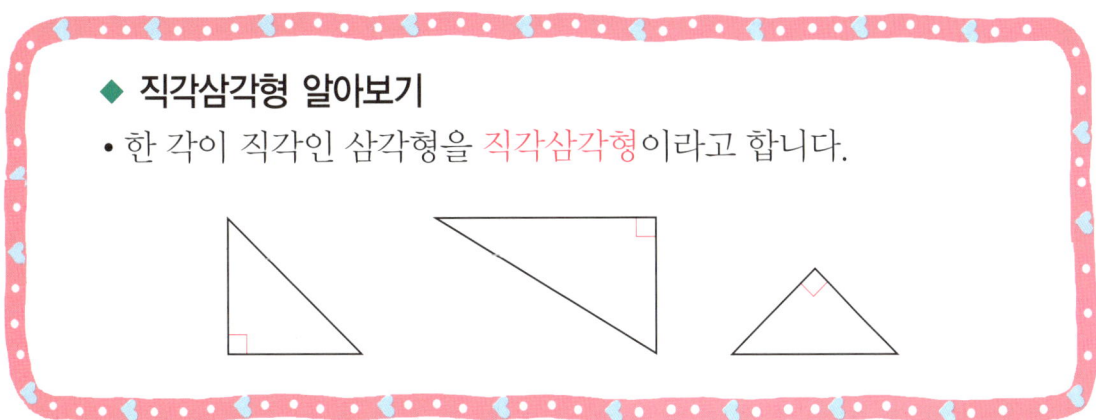

다음 그림을 보고 물음에 답하시오.(1~3)

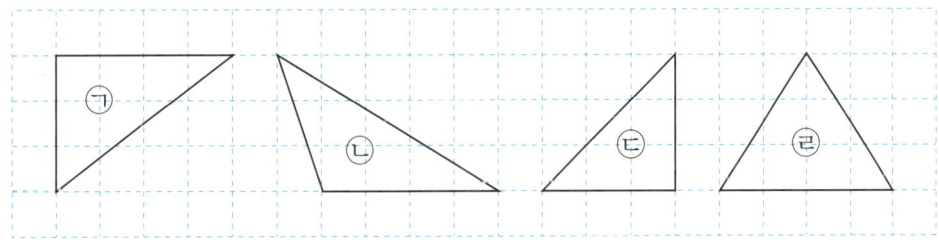

1. 직각이 없는 삼각형은 어느 것입니까?

[답]

2. 직각이 있는 삼각형은 어느 것입니까?

[답]

3. 직각삼각형은 어느 것입니까?

[답]

4. 직각삼각형을 모두 찾아 기호를 쓰시오.

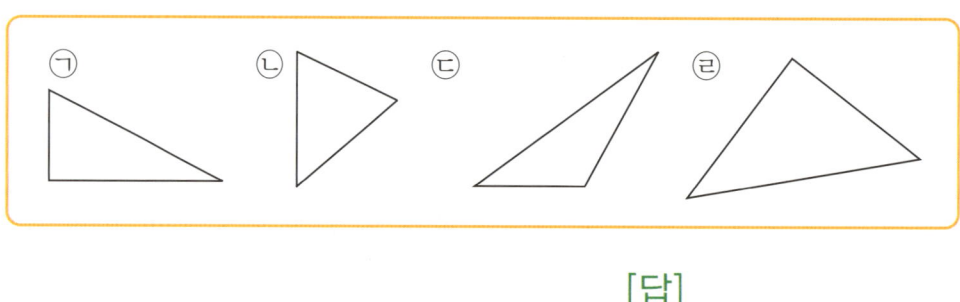

ㄱ   ㄴ   ㄷ   ㄹ

[답] _____

5. 점판에 크기가 다른 직각삼각형을 2개 그려 보시오.

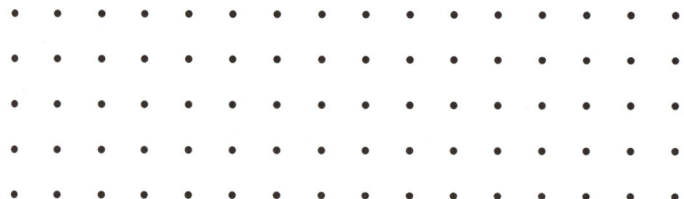

6. 그림과 같은 종이를 점선을 따라 자르면 직각삼각형은 모두 몇 개 만들어집니까?

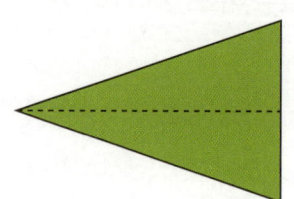

[답] _____

 사고력 학습

✿ 이름 :

✿ 날짜 :

✿ 시간 :　　시　　분 ~　　시　　분

확인

---

1. 모눈종이에 직각삼각형을 그리려고 합니다. 나머지 부분을 완성하여 보시오.

2. 다음의 직각삼각형을 모눈종이에 그려 보시오.

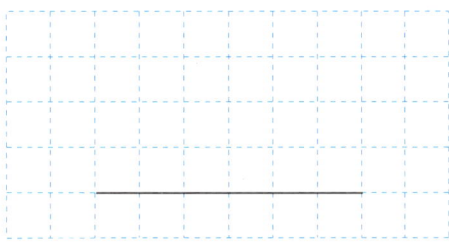

例 직각이 왼쪽에 있는 직각삼각형
• 직각이 오른쪽에 있는 직각삼각형

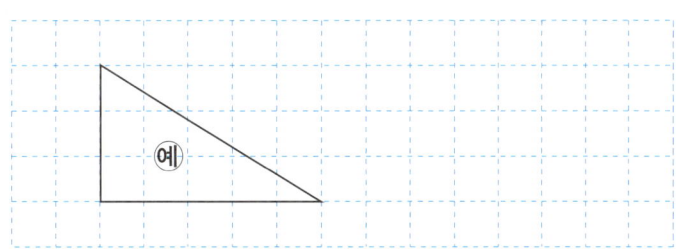

3. 그림에서 크고 작은 직각삼각형은 모두 몇 개인지 구하시오.

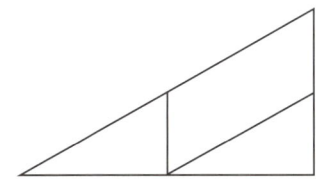

[답]

사고력 학습

◆ **직사각형 알아보기**

• 네 각이 모두 직각인 사각형을 직사각형이라고 합니다.

 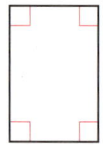 

다음 그림을 보고 물음에 답하시오.(4~6)

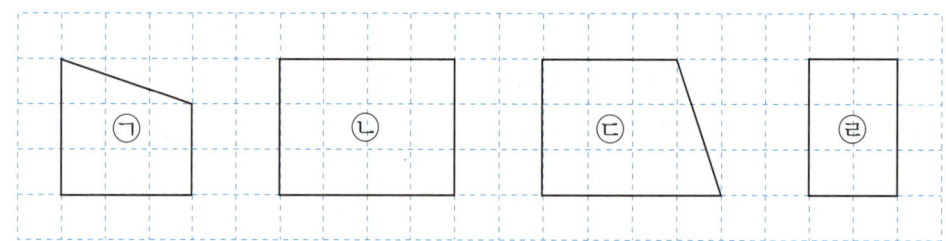

4. 직각에 └ 으로 표시하시오.

5. 네 각이 모두 직각인 사각형은 어느 것입니까?

[답]

6. 직사각형은 어느 것입니까?

[답]

✿ 이름 :

✿ 날짜 :

✿ 시간 :　　시　　분~　　시　　분

확인

1. 직사각형을 모두 찾아 기호를 쓰시오.

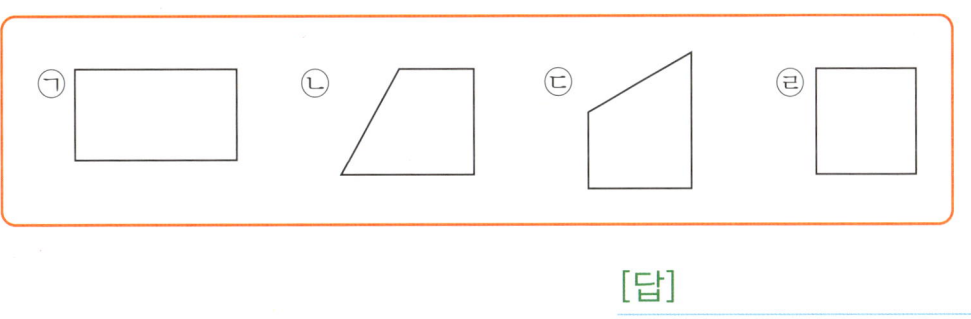

[답]

2. 점판에 크기가 다른 직사각형을 2개 그려 보시오.

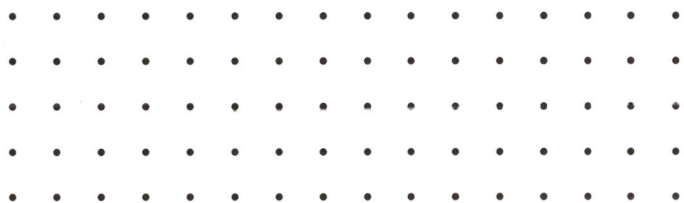

3. 그림과 같은 종이를 점선을 따라 자르면 직사각형은 모두 몇 개 만들어집니까?

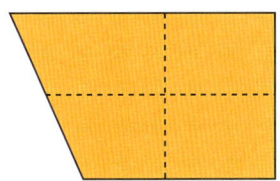

[답]

4. 모눈종이에 직사각형을 그리려고 합니다. 나머지 부분을 완성하여 보시오.

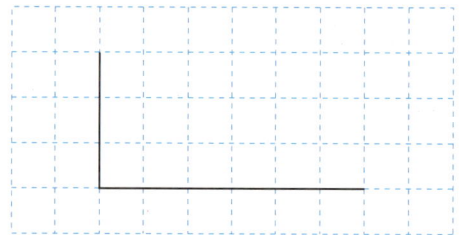

5. 다음의 직사각형을 모눈종이에 그려 보시오.

> ㉑ 아래에 있는 변이 긴 직사각형
> • 아래에 있는 변이 짧은 직사각형

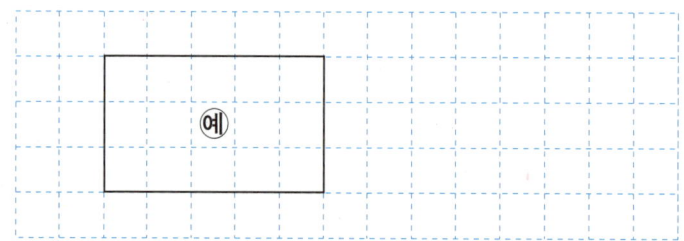

6. 그림에서 크고 작은 직사각형은 모두 몇 개인지 구하시오.

[답]

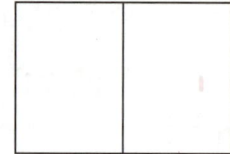

G-38a

◆ 정사각형 알아보기

• 네 각이 모두 직각이고 네 변의 길이가 모두 같은 사각형을
  정사각형이라고 합니다.

다음 그림을 보고 물음에 답하시오.(1~2)

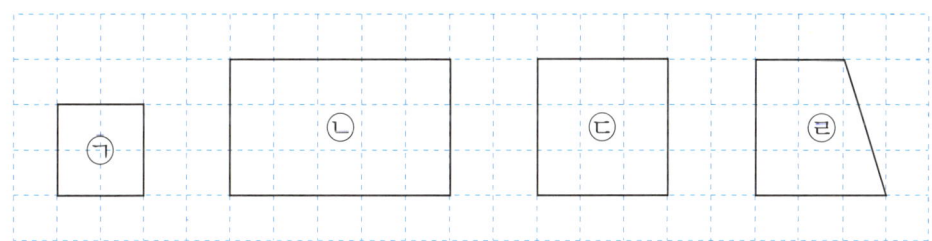

1. 네 각이 모두 직각이고 네 변의 길이가 모두 같은 사각형은 어느 것입니까?

[답]

2. 정사각형은 어느 것입니까?

[답]

3. 정사각형을 모두 찾아 기호를 쓰시오.

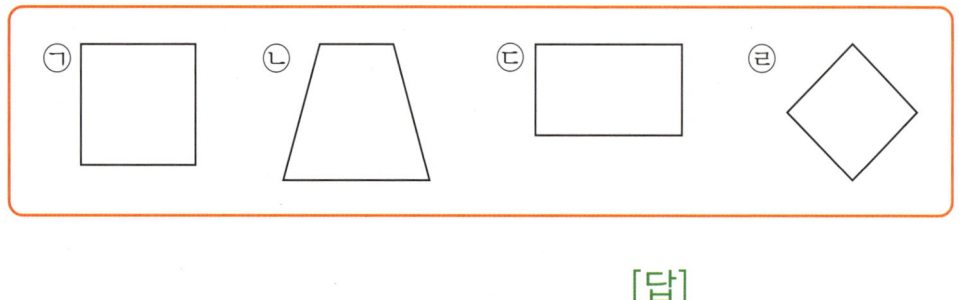

[답]

4. 점판에 크기가 다른 정사각형을 2개 그려 보시오.

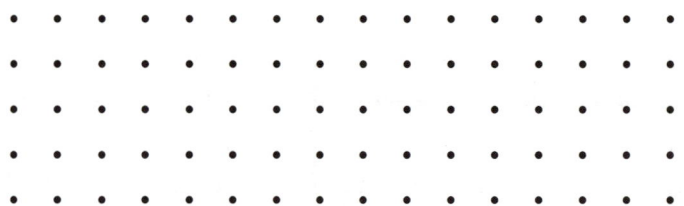

5. 그림과 같은 종이를 점선을 따라 자르면 정사각형은 모두 몇 개 만들어
집니까?

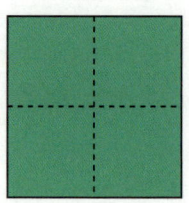

[답]

✿ 이름 :

✿ 날짜 :

✿ 시간 :   시   분 ~   시   분

확인

1. 모눈종이에 정사각형을 그리려고 합니다. 나머지 부분을 완성하여 보시오.

2. 다음의 정사각형을 모눈종이에 그려 보시오.

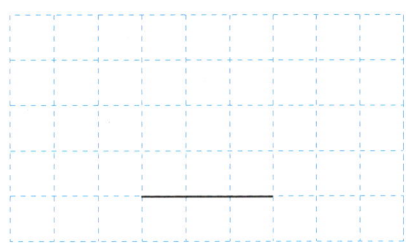

㉠ 한 변의 길이가 **3**칸인 정사각형

• 한 변의 길이가 **4**칸인 정사각형

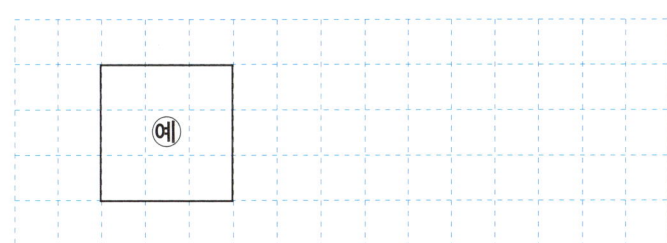

3. 그림에서 크고 작은 정사각형은 모두 몇 개인지 구하시오.

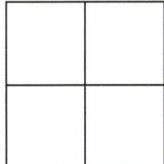

[답]

다음 그림을 보고 물음에 답하시오.(4~6)

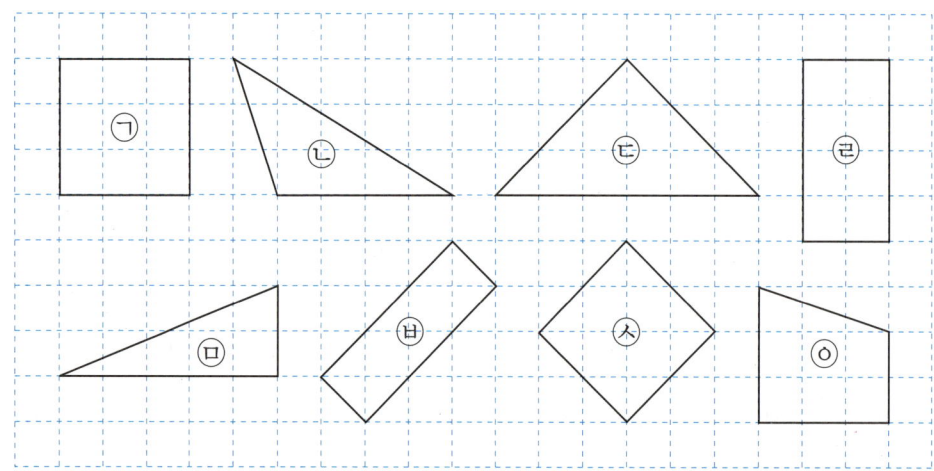

4. 직각삼각형을 모두 찾아 기호를 쓰시오.

[답]

5. 직사각형을 모두 찾아 기호를 쓰시오.

[답]

6. 정사각형을 모두 찾아 기호를 쓰시오.

[답]

★ 이름 :

★ 날짜 :

★ 시간 : 시 분 ~ 시 분

확인

1. 그림을 보고 (　) 안에 알맞게 써 보시오.

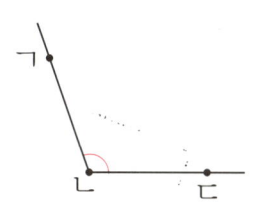

(1) 각 읽기 : (　　　　　　)

(2) 꼭짓점 읽기 : (　　　　　　)

(3) 변 읽기 : (　　　　　　　　　)

2. 그림을 보고 각의 개수를 쓰시오.

(1)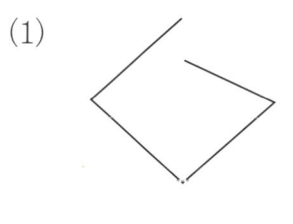

(2)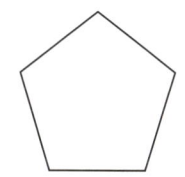

(3)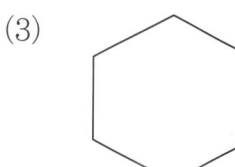

[답]

[답]

[답]

3. 각 ㄹㅁㅂ과 각 ㅅㅇㅈ을 그리시오.

(1)

〈각 ㄹㅁㅂ〉

(2)

〈각 ㅅㅇㅈ〉

4. 그림에서 직각을 모두 찾아 ∟ 으로 표시하고 몇 개인지 구하시오.

(1)

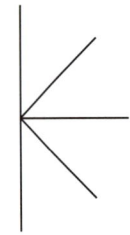

[답] _____

(2)

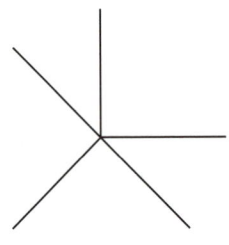

[답] _____

5. 그림을 보고 직각이 모두 몇 개인지 구하시오.

(1)

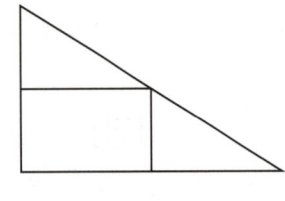

[답] _____

(2)

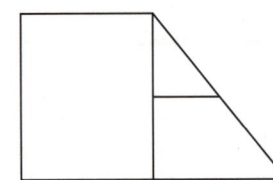

[답] _____

6. 삼각자를 이용하여 다음의 직선을 한 변으로 하는 직각을 그리시오.

(1)

(2)

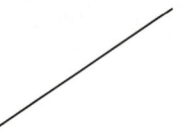

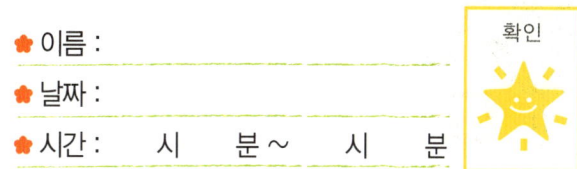

1. 직각삼각형을 모두 찾아 기호를 쓰시오.

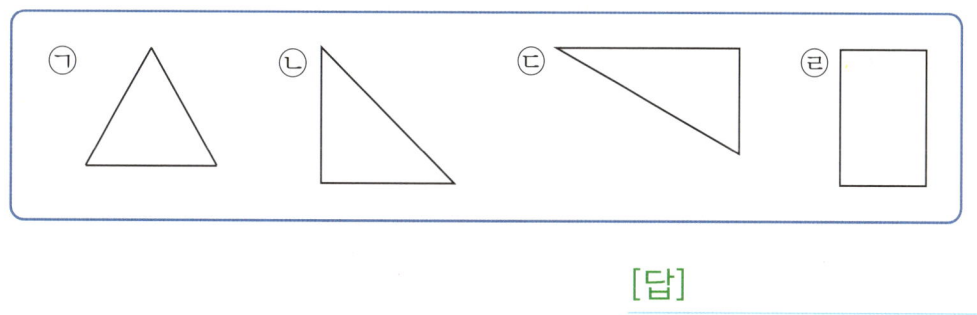

[답]

2. 모눈종이에 두 변의 길이가 같은 직각삼각형을 2개 그려 보시오.

3. 그림에서 크고 작은 직각삼각형은 모두 몇 개인지 구하시오.

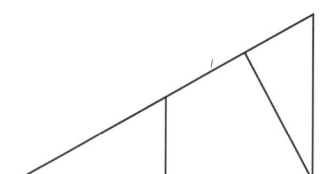

[답]

4. 직사각형을 모두 찾아 기호를 쓰시오.

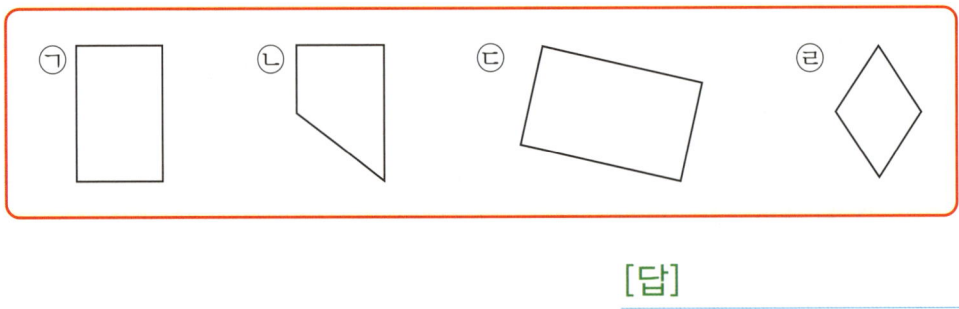

[답] _____

5. 모눈종이에 아래에 있는 변이 긴 직사각형을 2개 그려 보시오.

6. 그림에서 크고 작은 직사각형은 모두 몇 개인지 구하시오.

[답] _____

★이름 :

★날짜 :

★시간 :   시   분 ~   시   분

확인

1. 정사각형을 모두 찾아 기호를 쓰시오.

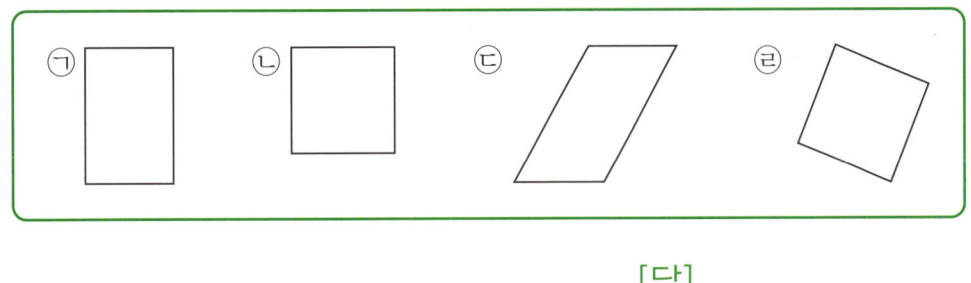

[답]

2. 모눈종이에 다이아몬드 모양으로 세워진 정사각형을 2개 그려 보시오.

3. 그림에서 크고 작은 정사각형은 모두 몇 개인지 구하시오.

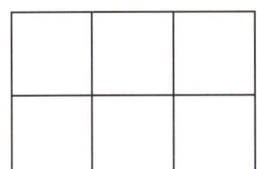

[답]

4. 직사각형과 정사각형의 ▢ 안에 알맞은 수를 써넣으시오.

(1)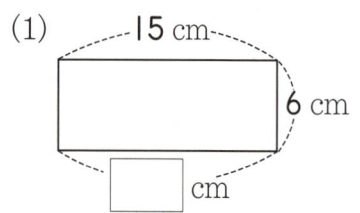

(2)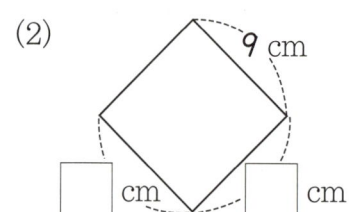

5. 직사각형과 정사각형의 네 변의 길이의 합을 구하시오.

(1)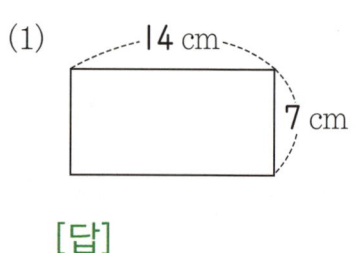

[답]

(2)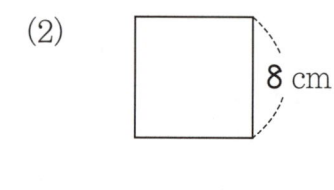

[답]

6. 물음에 답하시오.

(1) 네 변의 길이의 합이 24 cm인 정사각형의 한 변의 길이를 구하시오.

[답]

(2) 길이가 30 cm인 끈으로 가장 큰 정사각형을 만들었습니다. 남은 끈의 길이를 구하시오.

[답]

 문제 해결력 학습

★ 이름 :

★ 날짜 :

★ 시간 : 시 분 ~ 시 분

확인

🌐 창의력 학습

[보기]와 같이 정사각형 종이를 한 번 접으면 삼각형이 만들어집니다. 그렇다면 여러분은 아래 삼각형 종이를 세 번 접어서 직사각형을 만들어 보시오.

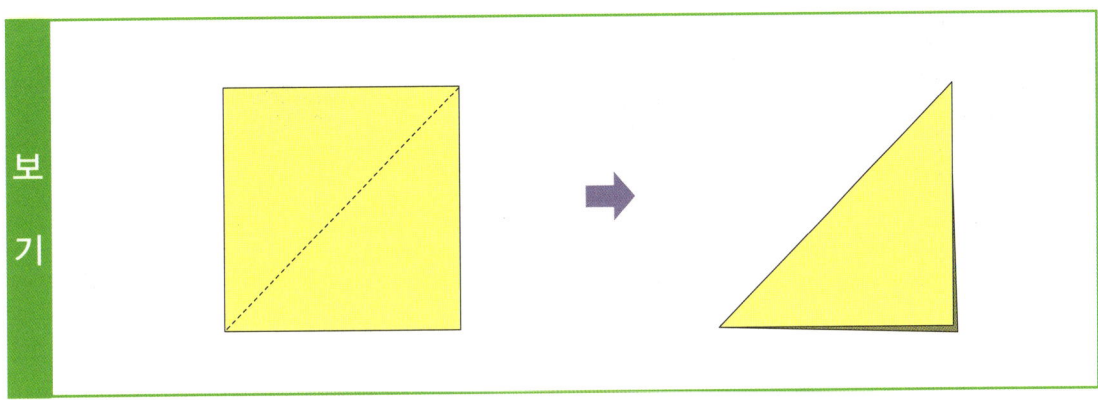

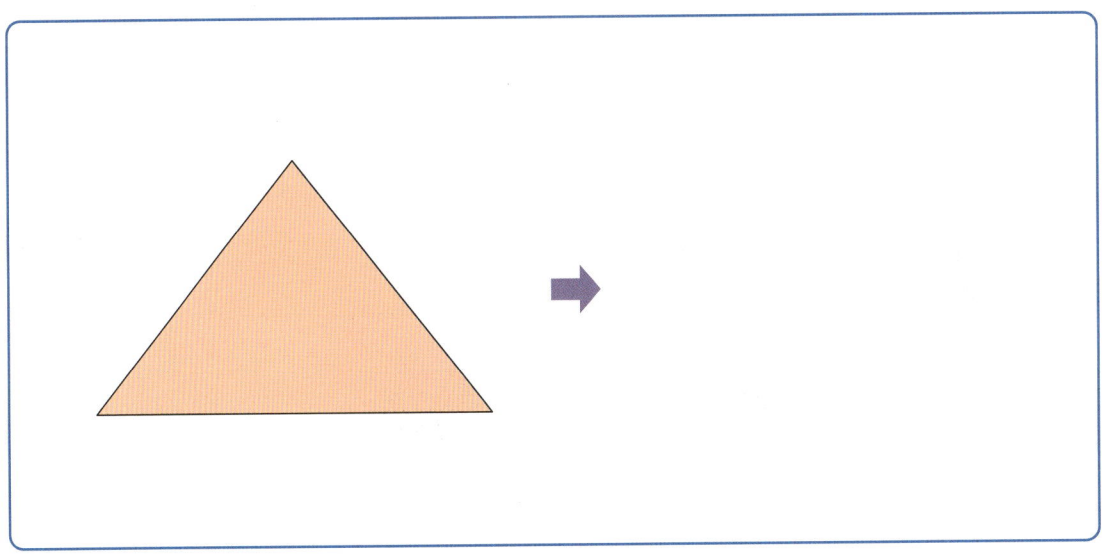

정수는 곤충을 무척 좋아합니다. 아래의 그림에서 직각 방향으로만 길을 따라가면 정수가 가장 좋아하는 곤충을 찾을 수 있습니다. 정수가 가장 좋아하는 곤충은 무엇인지 말해 보시오.

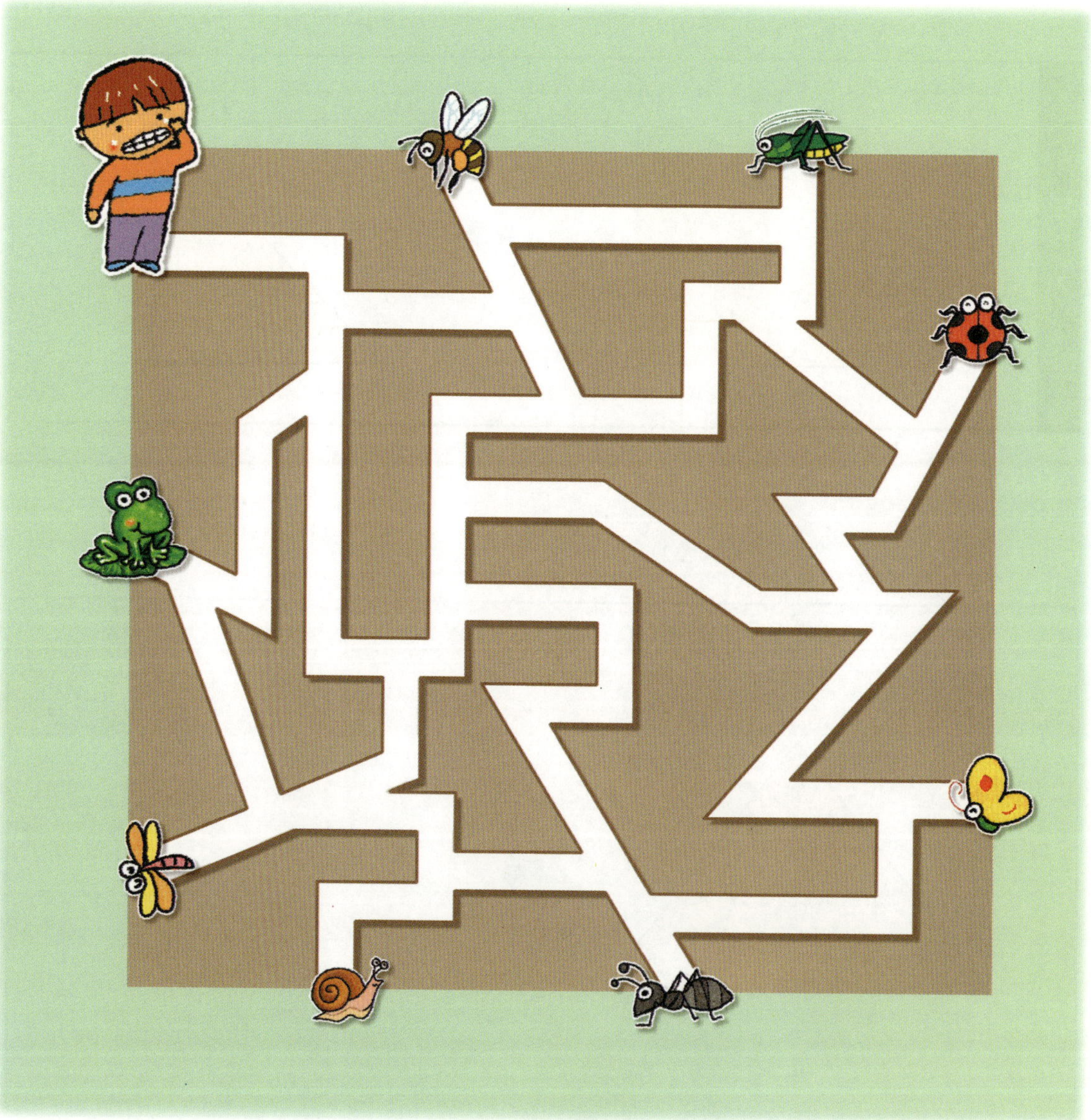

✿ 이름 :

✿ 날짜 :

✿ 시간 :   시   분 ~   시   분

확인

➕ 경시 대회 예상 문제

1. 그림에서 크고 작은 각은 모두 몇 개인지 구하시오.

[답]

2. 각 ㄱㄷㄴ과 각 ㄷㄱㄴ을 그리시오.

(1)   ㄱ·   (2)   ㄱ·

ㄴ·   ·ㄷ   ㄴ·   ·ㄷ

〈각 ㄱㄷㄴ〉   〈각 ㄷㄱㄴ〉

3. 그림을 보고 물음에 답하시오.

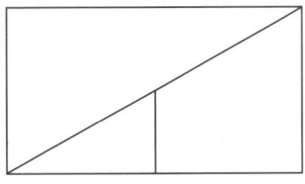

(1) 직각은 모두 몇 개입니까?   [답]

(2) 크고 작은 직각삼각형은 모두 몇 개입니까?

[답]

4. 모눈종이에 직각삼각형을 그리려고 합니다. 나머지 부분을 완성하여 보시오.

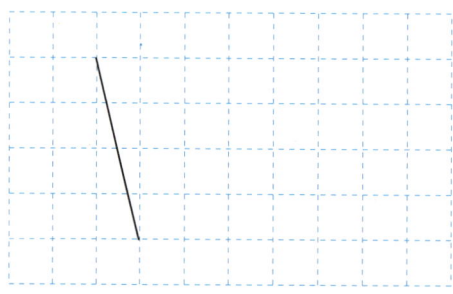

5. 그림에서 크고 작은 직사각형은 모두 몇 개인지 구하시오.

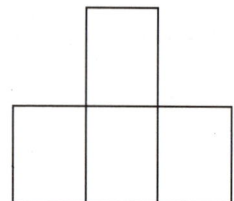

[답] _____

6. 그림에서 크고 작은 정사각형은 모두 몇 개인지 구하시오.

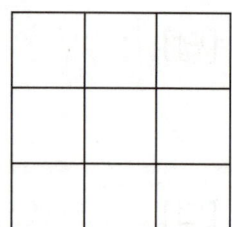

[답] _____

7. 다음 도형은 각이 아닙니다. 그 이유를 써 보시오.

[답]

8. 다음 도형은 직각삼각형이 아닙니다. 그 이유를 써 보시오.

[답]

9. 다음 도형은 직사각형이 아닙니다. 그 이유를 써 보시오.

[답]

10. 다음 도형은 정사각형이 아닙니다. 그 이유를 써 보시오.

[답]

11. 가로의 길이는 4 cm이고 세로의 길이는 가로의 길이의 3배인 직사각형이 있습니다. 이 직사각형의 네 변의 길이의 합을 구하시오.

[답]

서술형·논술형

12. 네 변의 길이의 합이 40 cm인 직사각형이 있습니다. 가로의 길이가 12 cm이면 세로의 길이는 몇 cm인지 풀이 과정을 써서 구하시오.

[답]

서술형·논술형

13. 다음 직사각형과 정사각형의 네 변의 길이의 합은 같습니다. 정사각형의 한 변의 길이는 몇 cm인지 풀이 과정을 써서 구하시오.

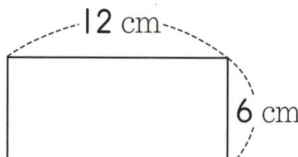

[답]

사고력도 탄탄! 창의력도 탄탄!

기탄고력수학

G1

🐜 **G46a ~ G60b**

학습 관리표

학습 내용	이번 주는?
확인 학습 · 10000까지의 수 · 덧셈과 뺄셈 · 평면도형 · 창의력 학습 · 경시 대회 예상 문제 · 성취노 비스트	• 학습 방법 : ① 매일매일　② 가끔　③ 한꺼번에 　　　　　 하였습니다. • 학습 태도 : ① 스스로 잘　② 시켜서 억지로 　　　　　 하였습니다. • 학습 흥미 : ① 재미있게　② 싫증내며 　　　　　 하였습니다. • 교재 내용 : ① 적합하다고　② 어렵다고　③ 쉽다고 　　　　　 하였습니다.
지도 교사가 부모님께	**부모님이 지도 교사께**

평가	Ⓐ 아주 잘함	Ⓑ 잘함	Ⓒ 보통	Ⓓ 부족함

원(교)　　　　　반　　　이름　　　　　　전화

기초부터 탄탄하게
G 기탄교육

www.gitan.co.kr / (02)586-1007(대)

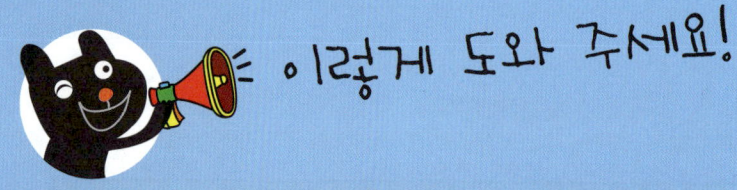

이렇게 도와 주세요!

● **학습 목표**
- 1000을 이해하고 몇천을 쓰고 읽을 수 있다.
- 네 자리 수를 읽고, 쓰고, 셀 수 있고, 크기를 비교할 수 있다.
- 세 자리 수끼리의 덧셈과 뺄셈을 할 수 있고, 그것을 이용하여 문장으로 된 문제를 해결할 수 있다.
- 여러 가지 물건에서 각과 직각을 찾고 그릴 수 있다.
- 직각삼각형, 직사각형, 정사각형의 뜻을 알고, 찾고, 그릴 수 있다.

● **지도 내용**
- 여러 가지 방법으로 1000(천)의 개념을 알도록 한다.
- 몇천의 개념을 알고 네 자리 수를 쓰고 읽을 수 있도록 한다.
- 뛰어 세기를 통하여 수의 계열을 알 수 있도록 한다.
- 받아올림과 받아내림이 있는 세 자리 수의 덧셈, 뺄셈의 계산 원리를 이해하고 계산해 보도록 한다.
- 각과 직각을 알고, 주어진 도형에서 각과 직각을 찾아보도록 한다.
- 직각삼각형, 직사각형, 정사각형을 이해하고 구분해 보도록 한다.

● **지도 요점**
앞에서 학습한 10000까지의 수, 덧셈과 뺄셈, 평면도형을 확인 학습하는 주입니다. 여러 유형의 문제를 접해 보게 함으로써 아이가 학습한 지식을 잘 응용할 수 있도록 지도해 주십시오. 그리고 성취도 테스트를 이용해서 주어진 시간 내에 주어진 문제를 푸는 연습을 하도록 지도해 주십시오.

G-46a

1. 그림을 보고 □ 안에 알맞은 수나 말을 써넣으시오.

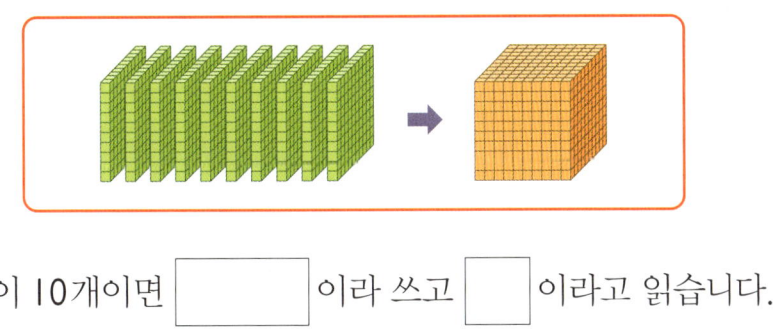

100이 10개이면 ☐ 이라 쓰고 ☐ 이라고 읽습니다.

2. □ 안에 알맞은 수를 써넣으시오.

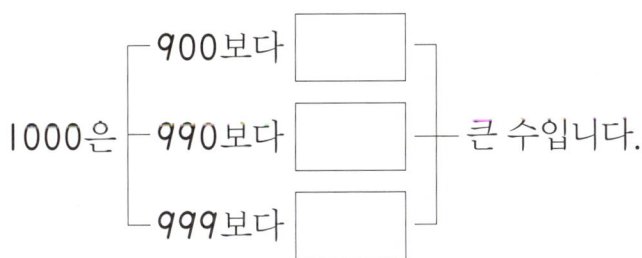

1000은 ┌ 900보다 ☐
       ├ 990보다 ☐ ┤ 큰 수입니다.
       └ 999보다 ☐

3. 1000원이 되려면 100원짜리 동전이 몇 개 더 있어야 합니까?

[답]

확인 학습

4. 그림을 보고 □ 안에 알맞은 수나 말을 써넣으시오.

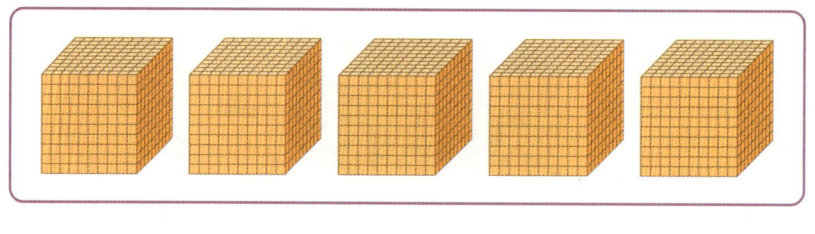

1000이 5개이면 □ 이라 쓰고 □ 이라고 읽습니다.

5. □ 안에 알맞은 수를 써넣으시오.

(1) 1000이 2개이면 □ 입니다.

(2) 1000이 □ 개이면 6000입니다.

(3) □ 이 9개이면 9000입니다.

6. 큰 수부터 차례로 기호를 쓰시오.

> ㉠ 100이 9개인 수   ㉡ 1000이 8개인 수
>
> ㉢ 삼천   ㉣ 100이 40개인 수

[답] _____

★ 이름 :

★ 날짜 :

★ 시간 :   시   분 ~   시   분

확인

1. 그림을 보고 ☐ 안에 알맞은 수나 말을 써넣으시오.

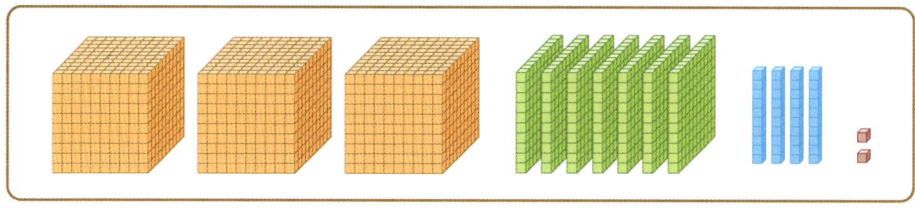

1000이 3개, 100이 7개, 10이 4개, 1이 2개이면 ☐ 라 쓰고

☐ 라고 읽습니다.

2. 수로 나타낼 때, 0을 2개 써야 하는 것을 모두 고르시오.

ㄱ 천육   ㄴ 구천

ㄷ 이천구백칠십   ㄹ 육천육십

[답]

3. 수를 쓰고 읽어 보시오.

1000이 7개, 100이 0개, 10이 2개, 1이 5개인 수

[쓰기]   ,   [읽기]

확인 학습

4. 다음 수에서 숫자 3은 어느 자리 숫자이며 얼마를 나타냅니까?

3486

[답] _____ ,

5. 빈칸에 알맞은 수를 써넣으시오.

수 ＼ 숫자	천의 자리	백의 자리	십의 자리	일의 자리
4806				
	7	6	4	3

6. 십의 자리 숫자가 2인 수를 모두 찾아 ○표 하시오.

5423, 2783, 1249, 3682, 6029

7. 숫자 7이 700을 나타내는 수를 모두 찾아 ○표 하시오.

7351, 6740, 8172, 5789, 4567

확인 학습

★ 이름 :

★ 날짜 :

★ 시간 :　시　분 ~　시　분

확인

1. ☐ 안에 알맞은 말을 써넣으시오.

1000씩 뛰어 세면 ☐ 의 자리 숫자가 ┐

100씩 뛰어 세면 ☐ 의 자리 숫자가 ┤

├ 1씩 커집니다.

10씩 뛰어 세면 ☐ 의 자리 숫자가 ┤

1씩 뛰어 세면 ☐ 의 자리 숫자가 ┘

2. 9999 다음의 수를 쓰시오.

[답]

3. 뛰어 세는 규칙에 맞게 ☐ 안에 알맞은 수를 써넣으시오.

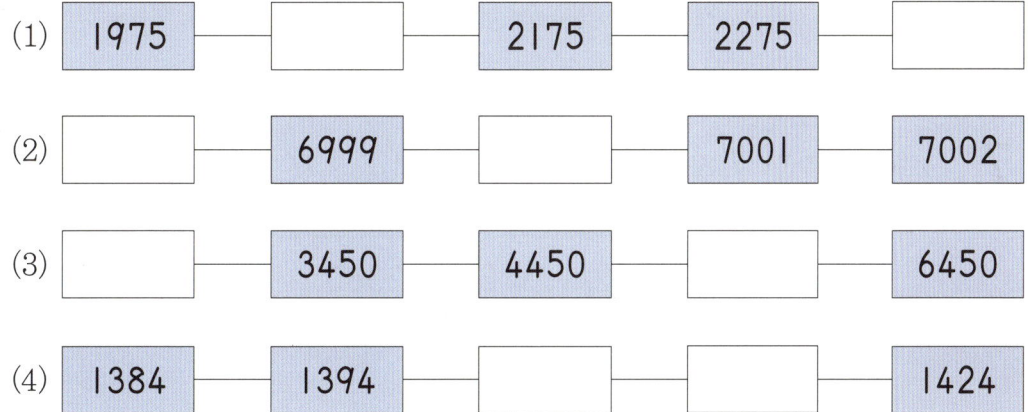

(1) 1975 — ☐ — 2175 — 2275 — ☐

(2) ☐ — 6999 — ☐ — 7001 — 7002

(3) ☐ — 3450 — 4450 — ☐ — 6450

(4) 1384 — 1394 — ☐ — ☐ — 1424

4. □ 안에 알맞은 말을 써넣으시오.

> 네 자리 수의 크기 비교는 [ ] 의 자리 숫자부터
> 차례로 비교합니다.

5. 다음을 읽어 보시오.

2464 > 2435   [답] _____

6. 두 수의 크기를 비교하여 ◯ 안에 >, <를 알맞게 써넣으시오.

(1) 6000 ◯ 5999   (2) 7350 ◯ 7329

(3) 4063 ◯ 4067   (4) 5658 ◯ 5707

7. 가장 큰 수와 가장 작은 수를 찾아 차례로 쓰시오.

> 8602,   3428,   2380,   8534

[답] _____ , _____

★ 이름 :

★ 날짜 :

★ 시간 :　　시　　분 ~ 시　　분

확인

1. 성원이는 100원짜리 동전 7개, 10원짜리 동전 7개를 가지고 있습니다. 1000원이 되려면 얼마가 더 있어야 합니까?

[답]

2. □ 안에 알맞은 수나 말을 써넣으시오.

(1) 1000이 4개이면 [　　　]이라 쓰고 [　　　]이라고 읽습니다.

(2) 7000은 1000이 [　]개이고 [　　]이라고 읽습니다.

3. 은서는 문구점에서 학용품을 사면서 천 원짜리 지폐 3장, 백 원짜리 동전 6개, 십 원짜리 동전 5개를 썼습니다. 은서가 문구점에서 산 학용품은 모두 얼마입니까?

[답]

4. 네 자리 수 5678의 각 자리 숫자 중에서 가장 큰 수를 나타내는 숫자는 어느 것입니까?

[답]

확인 학습

5. 세란이의 통장에는 3월 현재 4700원이 들어 있습니다. 4월부터 7월까지 매달 1000원씩 저금한다면 모두 얼마가 되겠습니까?

[답]

6. 1부터 9까지의 숫자 중에서 □ 안에 들어갈 수 있는 숫자를 모두 쓰시오.

□483 > 6836

[답]

7. 천의 자리 숫자가 6, 백의 자리 숫자가 5, 일의 자리 숫자가 9인 네 자리 수 중에서 6578보다 큰 수를 모두 쓰시오.

[답]

8. 6, 0, 2, 3의 숫자를 한 번씩만 써서 네 자리 수를 만들려고 합니다. 가장 큰 수와 가장 작은 수를 차례로 쓰시오.

[답]   ,

확인 학습

★ 이름 :

★ 날짜 :

★ 시간 :　시　분 ~　시　분

확인

🐸 다음 계산을 하시오.(1~8)

1.
```
   5 8 2
 + 3 3 9
```

2.
```
   6 4 3
 + 3 5 7
```

3.
```
   6 7 8
 + 5 5 5
```

4.
```
   9 0 7
 + 4 9 8
```

5.
```
   8 8 6
 + 8 8 6
```

6.
```
   6 4 4
 + 9 3 6
```

7.
```
   7 3 6
 + 9 9 9
```

8.
```
   8 8 8
 + 7 7 7
```

확인 학습

다음 계산을 하시오.(9~18)

9. 648+978=

10. 592+769=

11. 352+712=

12. 938+295=

13. 877+538=

14. 618+789=

15. 284+837=

16. 683+845=

17. 959+991=

18. 486+696=

확인 학습

G-51a

★ 이름 :

★ 날짜 :

★ 시간 :   시   분 ~   시   분

확인

1. □ 안에 알맞은 수를 써넣으시오.

(1)
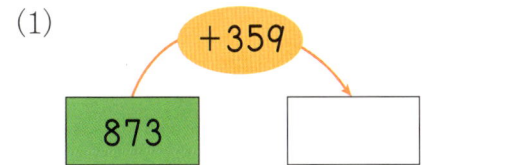

+359

873 → □

(2)
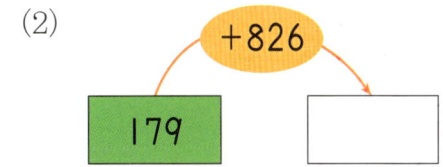

+826

179 → □

2. 627+598을 여러 가지 방법으로 계산하여 보시오.

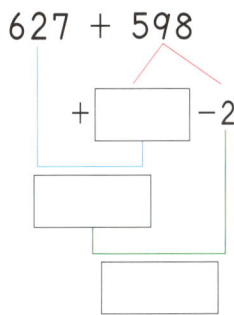

627 + 598

+ □ −2

□

□

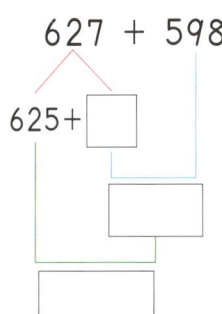

627 + 598

625+ □

□

□

3. 799+636을 [보기]와 같은 방법으로 계산하여 보시오.

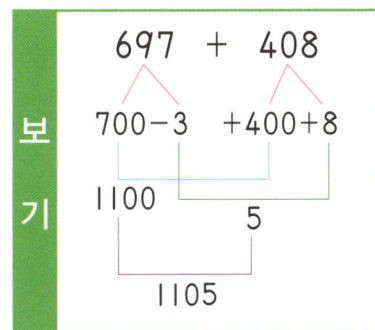

보기

697 + 408

700−3 +400+8

1100

5

1105

799 + 636

👻 다음 계산을 하시오.(4~11)

4.
```
  3 4 5
- 1 1 8
```

5.
```
  5 5 6
- 1 8 9
```

6.
```
  6 0 2
- 3 7 7
```

7.
```
  6 2 8
- 2 5 0
```

8.
```
  7 4 3
- 3 5 7
```

9.
```
  9 2 1
- 7 2 8
```

10.
```
  4 5 3
- 1 8 9
```

11.
```
  6 0 0
- 4 4 4
```

★ 이름 :
★ 날짜 :
★ 시간 :   시   분 ~   시   분

확인

🐸 다음 계산을 하시오.(1~10)

1. 826 − 398 =

2. 719 − 454 =

3. 831 − 143 =

4. 911 − 162 =

5. 744 − 436 =

6. 920 − 383 =

7. 652 − 457 =

8. 813 − 758 =

9. 553 − 179 =

10. 537 − 268 =

확인 학습

11. □ 안에 알맞은 수를 써넣으시오.

(1)
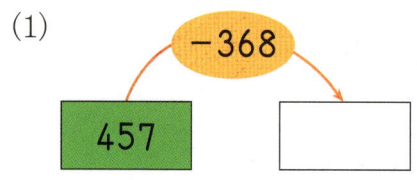

(2)
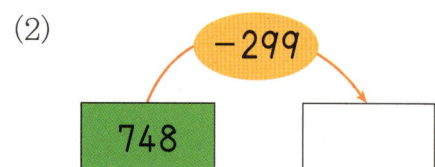

12. 823−297을 여러 가지 방법으로 계산하여 보시오.

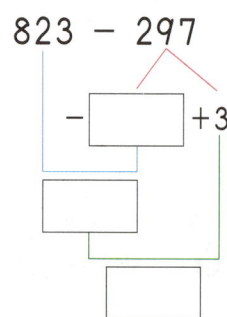

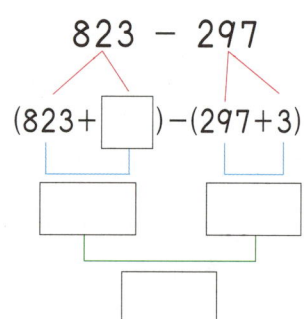

13. 708−385를 [보기]와 같은 방법으로 계산하여 보시오.

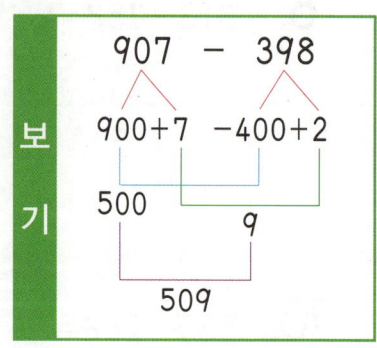

708 − 385

★ 이름 :

★ 날짜 :

★ 시간 :　　시　　분 ~　　시　　분

확인

1. ○ 안에 >, =, <를 알맞게 써넣으시오.

(1) 465+642 ◯ 675+428

(2) 400-127 ◯ 762-489

2. □ 안에 알맞은 수를 써넣으시오.

(1) 269 + ☐ = 905

(2) ☐ - 228 = 493

3. □ 안에 알맞은 숫자를 써넣으시오.

(1)
```
    7 8 ☐
 +  ☐ ☐ 3
 ─────────
  1 6 5 2
```

(2)
```
    9 ☐ 2
 -  5 8 ☐
 ─────────
  ☐ 1 6
```

4. □ 안에 알맞은 수를 써넣으시오.

720 —−189→ ☐ —+689→ ☐

G-53b

5. 자전거 공장에서 자전거를 3월에는 573대, 4월에는 659대를 만들었습니다. 3월과 4월에 만든 자전거는 모두 몇 대입니까?

   [식]   [답]

6. 성찬이는 줄넘기를 어제는 285번 하였고, 오늘은 360번 하였습니다. 오늘은 어제보다 몇 번을 더 많이 하였습니까?

   [식]   [답]

7. 어떤 수에 268을 더했더니 542가 되었습니다. 어떤 수는 얼마입니까?

                                           [답]

8. 725에서 어떤 수를 빼었더니 639가 되었습니다. 어떤 수는 얼마입니까?

                                           [답]

✿이름 :

✿날짜 :

✿시간 : 　시　　분 ~ 　시　　분

확인

---

1. 그림을 보고 □ 안에 알맞은 말을 써넣으시오.

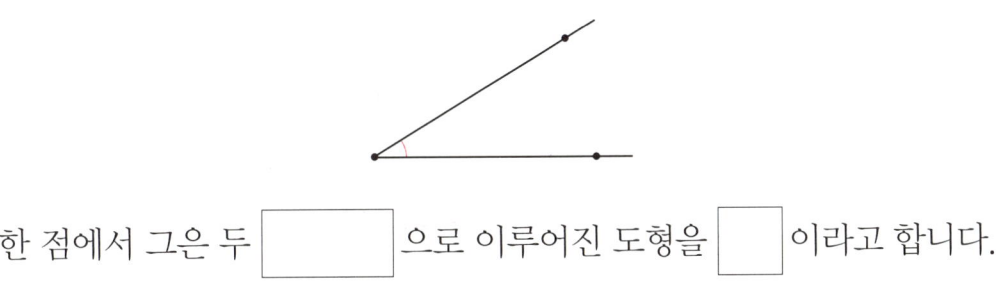

한 점에서 그은 두 ☐☐☐ 으로 이루어진 도형을 ☐ 이라고 합니다.

2. 그림을 보고 (　) 안에 알맞게 써 보시오.

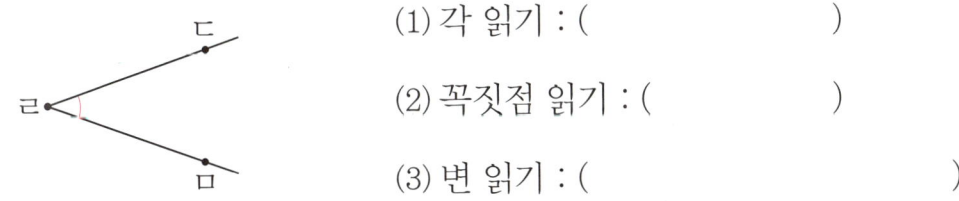

(1) 각 읽기 : (　　　　　　　)

(2) 꼭짓점 읽기 : (　　　　　)

(3) 변 읽기 : (　　　　　　　　)

3. 각의 수가 많은 도형부터 차례로 기호를 쓰시오.

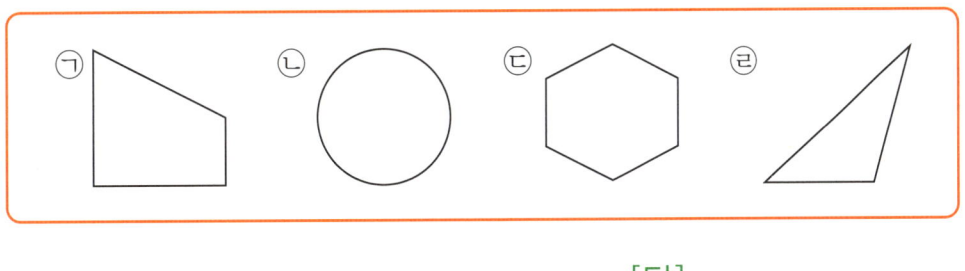

[답] _____

4. 다음은 삼각자에서 각을 본떠 그린 것입니다. 각 ㄱㄴㄷ과 같은 모양의
각을 무엇이라고 합니까?

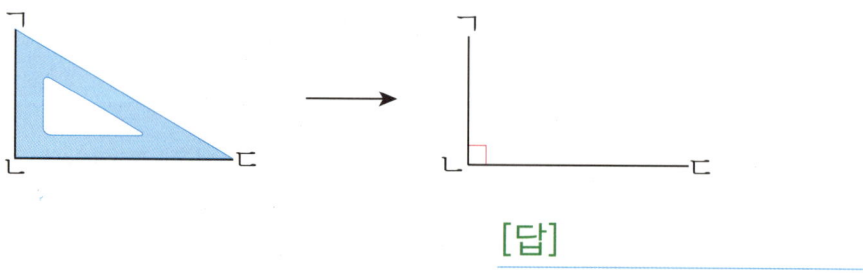

[답]

5. 직각의 수가 많은 도형부터 차례로 기호를 쓰시오.

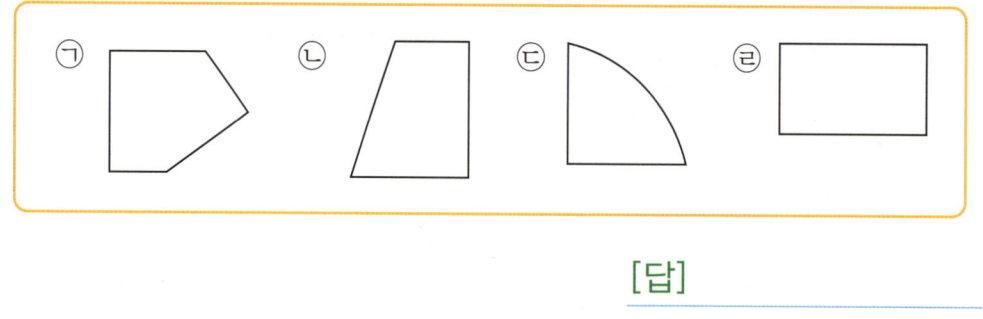

[답]

6. 그림을 보고 직각이 모두 몇 개인지 구하시오.

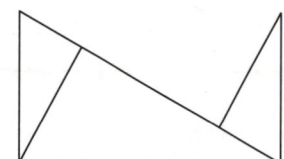

[답]

G-55a

★ 이름 :

★ 날짜 :

★ 시간 :　시　분 ~　시　분

1. 그림을 보고 □ 안에 알맞은 말을 써넣으시오.

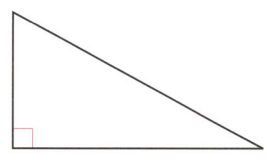

한 각이 [　　] 인 삼각형을 직각삼각형이라고 합니다.

2. 직각삼각형을 모두 찾아 기호를 쓰시오.

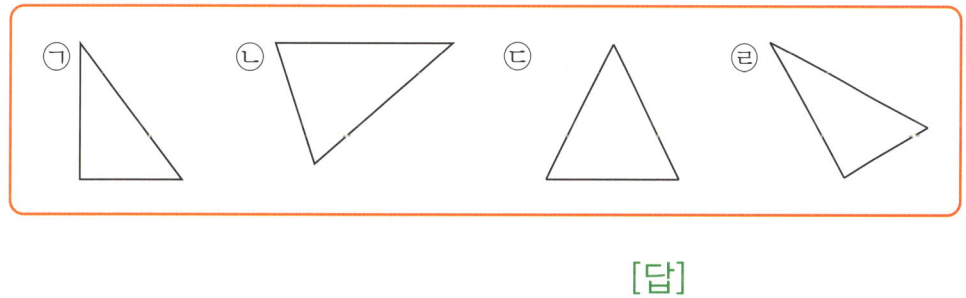

[답] _____

3. 그림과 같은 종이를 점선을 따라 자르면 직각삼각형은 모두 몇 개 만들어집니까?

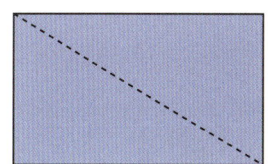

[답] _____

4. 그림을 보고 ☐ 안에 알맞은 말을 써넣으시오.

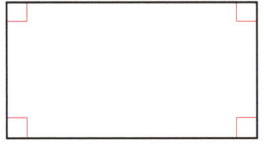

네 각이 모두 ☐ 인 사각형을 직사각형이라고 합니다.

5. 직사각형을 모두 찾아 기호를 쓰시오.

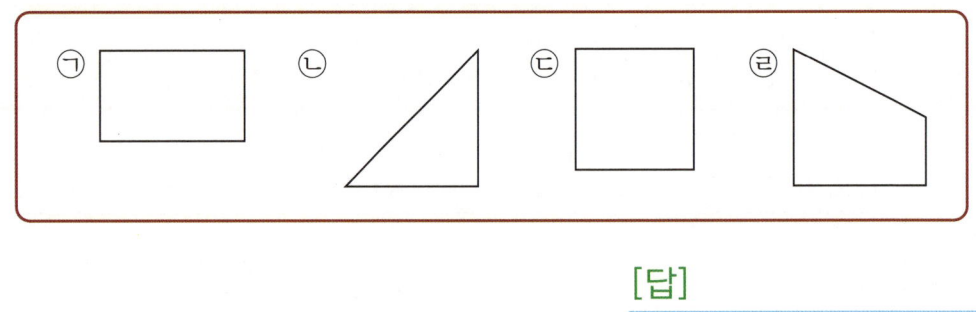

[답]

6. 그림과 같은 종이를 점선을 따라 자르면 직사각형은 모두 몇 개 만들어 집니까?

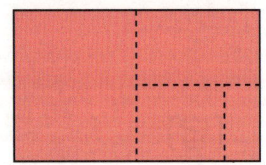

[답]

❀이름 :

❀날짜 :

❀시간 :　시　분~　시　분

확인

1. 그림을 보고 ☐ 안에 알맞은 말을 써넣으시오.

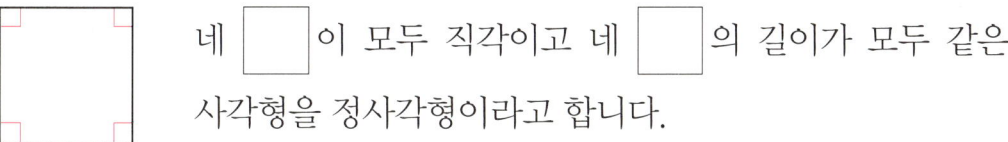

네 ☐ 이 모두 직각이고 네 ☐ 의 길이가 모두 같은
사각형을 정사각형이라고 합니다.

2. 정사각형을 모두 찾아 기호를 쓰시오.

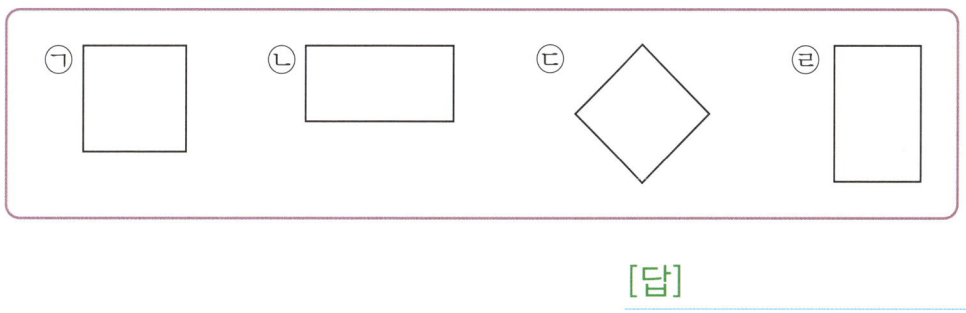

[답]

3. 직사각형 종이를 그림과 같이 접고, 자르고, 펼쳤습니다. 어떤 도형이 만들어졌습니까?

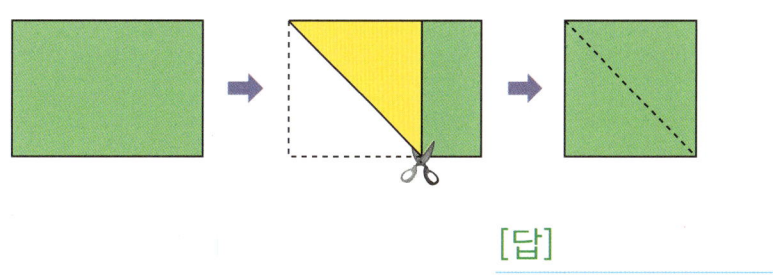

[답]

4. 그림은 각이 아닙니다. 그 이유를 써 보시오.

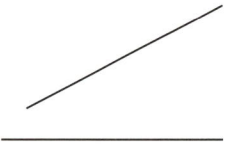

_____

_____

5. 각 ㄱㄷㄹ과 각 ㅂㅁㅇ을 각각 그리시오.

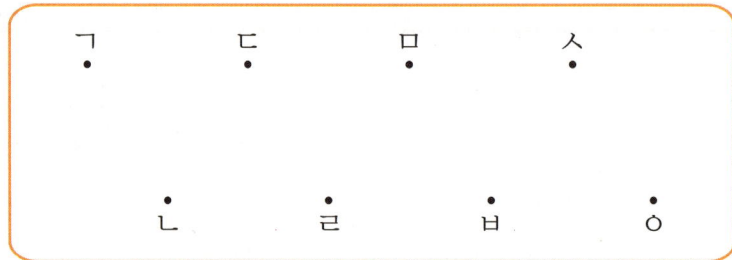

6. 삼각자를 이용하여 다음의 직선을 한 변으로 하는 직각을 그려 보시오.

(1)   (2)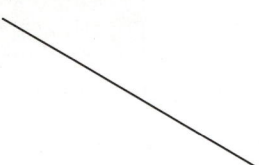

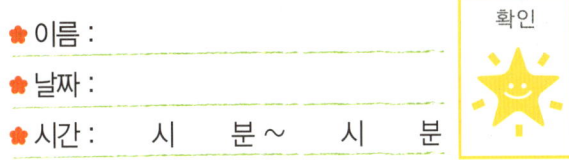

★ 이름 :

★ 날짜 :

★ 시간 : 시 분~ 시 분

확인

1. 직각삼각형에 대한 설명으로 옳은 것을 모두 고르시오.

① 변이 4개입니다.
② 한 각이 직각입니다.
③ 꼭짓점이 3개입니다.
④ 세 변의 길이가 같습니다.
⑤ 두 각이 직각입니다.

2. 그림에서 크고 작은 직각삼각형은 모두 몇 개인지 구하시오.

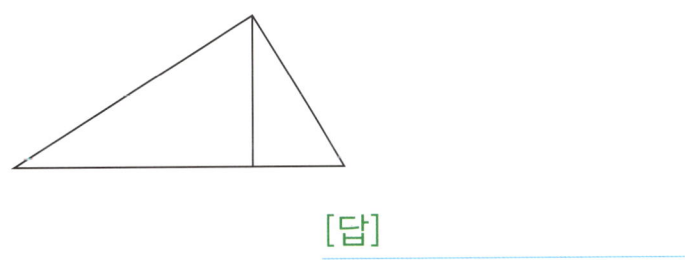

[답]

3. 그림과 같이 모양과 크기가 같은 삼각자 2개를 맞붙여 놓으면 어떤 도형이 됩니까?

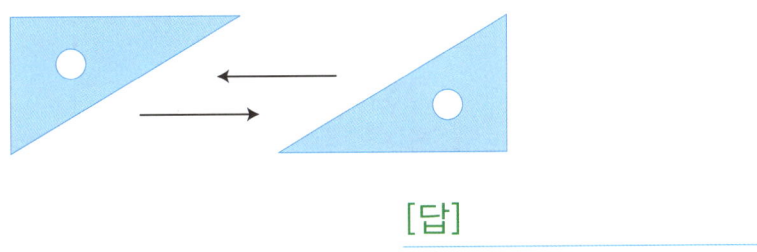

[답]

확인 학습

4. 그림에서 크고 작은 직사각형은 모두 몇 개인지 구하시오.

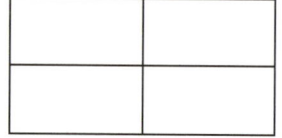

[답]

5. 정사각형에 대한 설명으로 <u>틀린</u> 것은 어느 것입니까?

① 변과 꼭짓점이 각각 4개입니다.
② 네 각이 모두 직각입니다.
③ 네 변의 길이가 모두 같습니다.
④ 네 각 중 한 각만 직각입니다.
⑤ 정사각형은 직사각형이라고 할 수 있습니다.

6. 직사각형과 정사각형의 네 변의 길이의 합을 구하시오.

(1)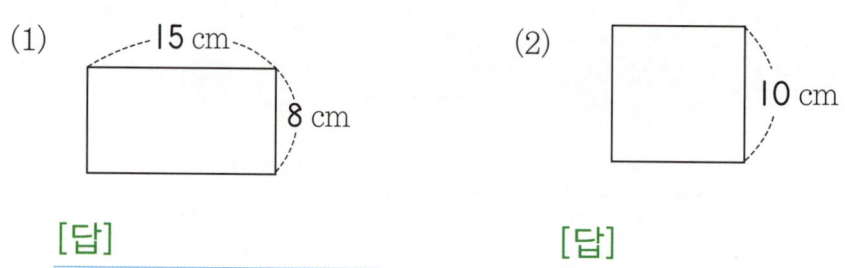
15 cm
8 cm

(2)
10 cm

[답]   [답]

확인 학습

✿ 이름 :

✿ 날짜 :

✿ 시간 :　시　분 ~ 시　분

확인

🌐 창의력 학습

견우와 직녀는 지금 멀리 떨어져 있습니다. 견우와 직녀는 서로가 만나고 싶어
서 길을 따라가 보기로 했습니다. 실을 밟지 않고 나아간다면 견우와 직녀는 만
날 수 있습니까?

작은 삼각형 16개로 큰 삼각형 1개를 만들었더니 여러 개의 크고 작은 삼각형이 보입니다. 다음 그림에는 크고 작은 삼각형이 모두 몇 개 있는지 구해 보시오.

창의력 학습

★ 이름 :

★ 날짜 :

★ 시간 :　　시　　분 ~ 　　시　　분

확인

➕ 경시 대회 예상 문제

1. 1000이 6개, 100이 25개, 10이 36개, 1이 58개인 수를 구하시오.

[답]

2. 다음과 같이 뛰어서 셀 때, 4567에서 20번 뛰어서 센 수는 얼마인지 풀이 과정을 써서 구하시오.

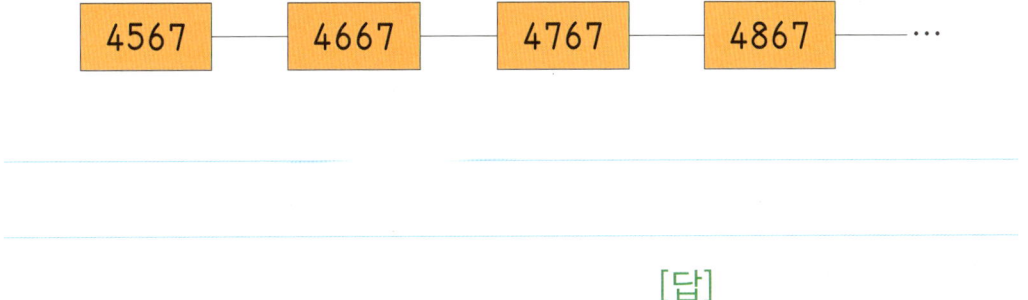

[답]

3. 숫자 카드 5장 중에서 4장을 뽑아 네 자리 수를 만들려고 합니다. 둘째로 큰 수와 둘째로 작은 수를 차례로 구하시오.

| 1 | 0 | 6 | 7 | 9 |

[답] 　　　　　　,

4. 길이가 1200 m인 도로의 한쪽에 처음부터 100 m 간격으로 가로수를 심으려고 합니다. 가로수는 몇 그루 심을 수 있습니까?

[답]

5. 어느 학교 학생이 몇 명 더 많은지 구하시오.

학생 수 ＼ 학교	가희네 학교	민수네 학교
남학생 수(명)	456	429
여학생 수(명)	448	397

[답]   ,

서술형·논술형

6. 은비와 한결이가 가지고 있는 구슬을 합하면 500개이고, 은비는 한결이보다 56개 더 많이 가지고 있습니다. 두 사람이 가지고 있는 구슬은 각각 몇 개인지 풀이 과정을 써서 구하시오.

[답] 은비 :   , 한결 :

7. 숫자 카드 5장 중에서 3장을 뽑아 세 자리 수를 만들 때, 만들 수 있는 가장 큰 수와 둘째로 작은 수의 합과 차를 각각 구하시오.

[답] 합 :   , 차 :

8. 그림에서 크고 작은 직각삼각형은 모두 몇 개인지 구하시오.

[답]

9. 선분 ㄱㄴ을 이용하여 직각삼각형을 그리고, 선분 ㄷㄹ을 이용하여 정사각형을 그리시오.

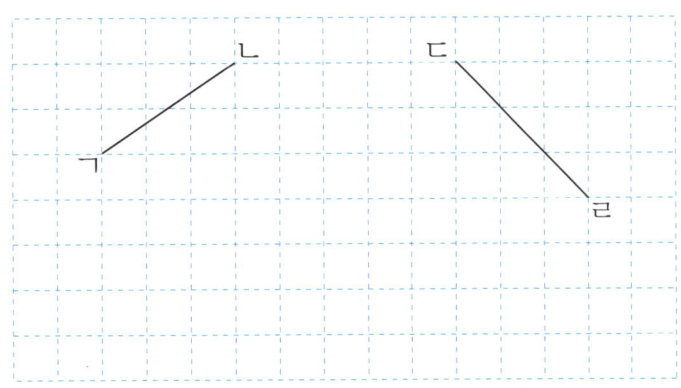

10. 그림과 같이 직사각형 종이를 3번 접은 다음 접힌 부분을 따라 자르면 직사각형은 몇 개 만들어집니까?

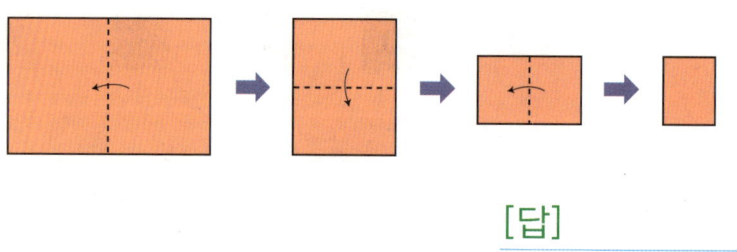

[답]

11. 세로의 길이가 18 cm인 직사각형의 네 변의 길이의 합은 60 cm입니다. 가로의 길이는 몇 cm입니까?

[답]

 서술형·논술형

12. 직사각형과 정사각형 중에서 네 변의 길이의 합이 더 짧은 것은 어느 것인지 풀이 과정을 써서 구하시오.

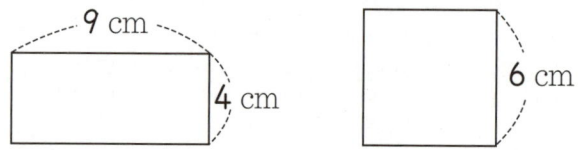

[답]

1. 나타내는 수가 <u>다른</u> 것은 어느 것입니까?

① 999보다 1 큰 수
② 900보다 100 큰 수
③ 950보다 50 큰 수
④ 990보다 10 큰 수
⑤ 800보다 199 큰 수

2. ☐안에 알맞은 수나 말을 써넣으시오.

1000이 7개, 100이 9개, 10이 3개, 1이 4개이면 ☐ 라

쓰고 ☐ 라고 읽습니다.

3. 뛰어 세는 규칙에 맞게 ☐안에 알맞은 수를 써넣으시오.

(1) ☐ ― 7800 ― ☐ ― 8000 ― 8100

(2) 3150 ― 3200 ― ☐ ― 3300 ― ☐

4. 두 수의 크기를 비교하여 ○ 안에 >, <를 알맞게 써넣으시오.

(1) 3724 ○ 3274

(2) 육천사백삼십구 ○ 칠천이백삼

5. 큰 수부터 차례로 기호를 쓰시오.

> ㉠ 100이 35개인 수
> ㉡ 1000이 4개인 수
> ㉢ 2000보다 1700 큰 수
> ㉣ 5000보다 2000 작은 수
> ㉤ 1000이 3개, 100이 9개인 수

[답]

6. 숫자 0, 3, 5, 8을 한 번씩만 사용하여 만들 수 있는 네 자리 수 중에서 8000보다 큰 수는 모두 몇 개입니까?

[답]

7. 수희의 저금통에는 1000원짜리 지폐 2장, 100원짜리 동전 19개, 10원 짜리 동전 50개가 있습니다. 5000원짜리 동화책을 사려면 얼마를 더 모아야 합니까?

[답]

8. 빈칸에 알맞은 수를 써넣으시오.

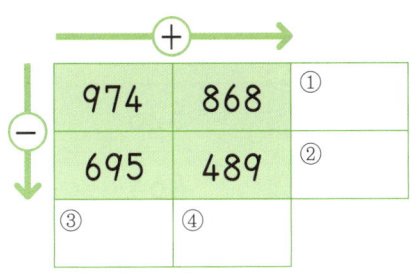

9. 크기를 비교하여 ○ 안에 >, =, <를 알맞게 써넣으시오.

(1) $759+664$ ◯ 1400

(2) $834-296$ ◯ $334+217$

다음 □ 안에 알맞은 수를 써넣으시오.(10~11)

10.
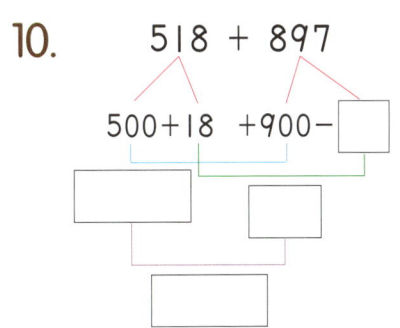

$518 + 897$

$500+18$ $+900-$ □

11.
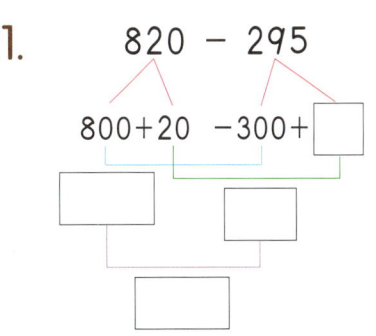

$820 - 295$

$800+20$ $-300+$ □

12. 어느 마을에 몇 명 더 많이 살고 있습니까?

사람＼마을	㉮ 마을	㉯ 마을
남자(명)	526	507
여자(명)	464	399

[답]   ,

13. 숫자 카드를 한 번씩만 사용하여 만들 수 있는 세 자리 수 중에서 가장 큰 수와 가장 작은 수의 합과 차를 각각 구하시오.

3	8	0

[답] 합 :   , 차 :

14. 각을 바르게 읽은 것을 모두 찾아 기호를 쓰시오.

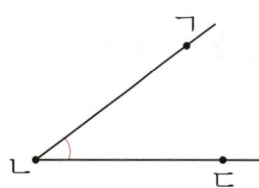

㉠ 각 ㄱㄴㄷ	㉡ 각 ㄴㄷㄱ
㉢ 각 ㄷㄱㄴ	㉣ 각 ㄷㄴㄱ

[답]

😀 다음 그림을 보고 물음에 답하시오.(15~17)

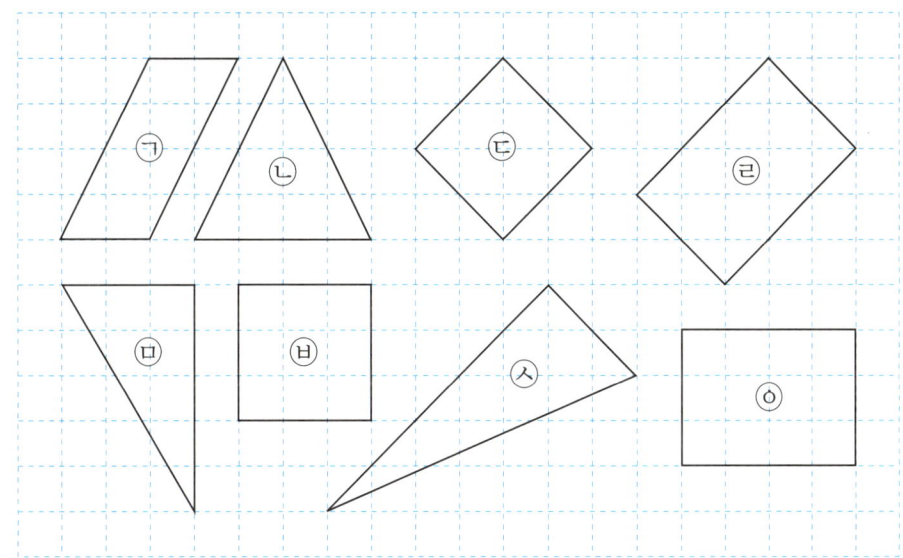

15. 직각삼각형을 모두 찾아 기호를 쓰시오.

[답]

16. 직사각형을 모두 찾아 기호를 쓰시오.

[답]

17. 정사각형을 모두 찾아 기호를 쓰시오.

[답]

18. 그림과 같이 정사각형 종이를 3번 접은 다음 접힌 부분을 따라 자르면 직각삼각형은 몇 개 만들어집니까?

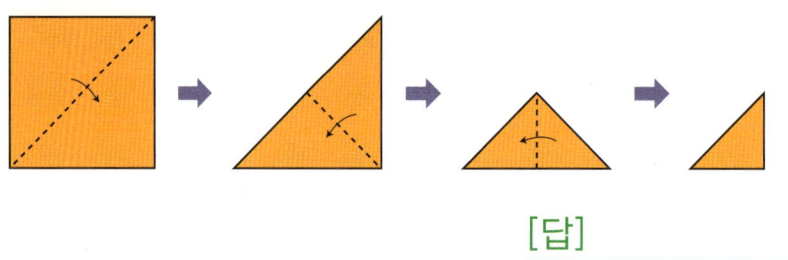

[답]

19. 그림에서 크고 작은 직각삼각형은 모두 몇 개인지 구하시오.

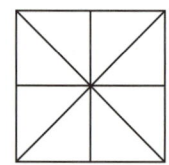

[답]

20. 다음 직사각형과 정사각형의 네 변의 길이의 합은 같습니다. 정사각형의 한 변의 길이는 몇 cm입니까?

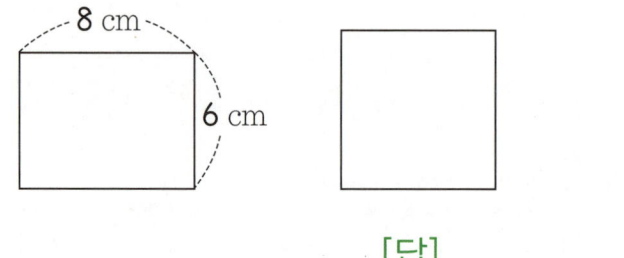

[답]

1a
1. 200
2. 500

1b
3. 100   4. 300
5. 400   6. 600
7. 10   8. 10
9. 5   10. 1

2a
1. 4000
2. 7000

2b
3. 3000, 삼천
4. 6000, 육천
5. 이천
풀이 ■000은 ■천이라고 읽습니다.
6. 칠천   7. 구천
8. 사천
9. 8000
풀이 천은 0이 3개 붙으므로 몇천은 몇에 '000'을 붙입니다.
10. 3000   11. 5000
12. 6000

3a
1. 2536
풀이 1000원짜리 2장 : 2000원
　　 100원짜리 5개 :　500원
　　 10원짜리 3개 :　　30원
　　 1원짜리 6개 :　　　6원
　　　　　　　　　　 2536원
2. 4629

3b
3. 4478원
4. 3242
5. 6897

4a
1. 7961
풀이 1000이 7개 : 7000
　　 100이 9개 :　900
　　 10이 6개 :　　60
　　 1이 1개 :　　　1
　　　　　　　　 7961
2. 5123   3. 8046
4. 4, 6, 8, 5   5. 9, 3, 1, 2
6. 6, 2, 0, 7

4b
7. 3456, 삼천사백오십육
풀이 네 자리 수는 숫자에 자릿값을 붙여 천의 자리부터 차례로 읽습니다.
3　4　5　6
↓ ↙↗ ↙↗ ↗
천 백 십　➡ 삼천사백오십육
8. 9297, 구천이백구십칠
9. 칠천삼백사십이
풀이 천의 자리 숫자부터 각 자리 숫자에 천, 백, 십을 붙여서 읽습니다.
10. 팔천백십육
풀이 1이 있는 자리의 숫자는 읽지 않고 그 자릿값만 읽습니다.
11. 오천사백
풀이 숫자 0이 있는 자리는 숫자와 자릿값을 모두 읽지 않습니다.
12. 육천오십
13. 9527
풀이 자릿값은 쓰지 않고 자리의 숫자만 차례로 씁니다.
14. 8030
풀이 수로 나타낼 때 읽지 않은 자리에는 숫자 0을 써야 합니다.
팔천삼십에서 백의 자리와 일의 자리를 읽지 않았으므로 백의 자리와 일의 자리에는 숫자 0을 씁니다.
15. 5004

5a

1. (1) 2000　(2) 700
(3) 40

풀이 2743＝2000＋700＋40＋3

5b

2. (1) 3000　(2) 2
(3) 십　(4) 6, 6

풀이 3256의 각 숫자와 자릿값

	천의 자리	백의 자리	십의 자리	일의 자리
숫자	3	2	5	6
수	3000	200	50	6

3. (1) 4, 4000　(2) 백, 9
(3) 십, 20　(4) 1, 1

6a

1. 6, 3, 7, 9
2. 9085
3. 천, 백, 십, 일

6b

4.

수 ＼ 숫자	천의 자리	백의 자리	십의 자리	일의 자리
7845	7	8	4	5
6057	6	0	5	7
8409	8	4	0	9
7100	7	1	0	0
1053	1	0	5	3

5. 7025, 7345

풀이 각 수의 천의 자리 숫자를 알아보면 4736, 7025, 8179, 7345, 9217이므로 천의 자리 숫자가 7인 수는 7025, 7345입니다.

6. (1) 500　(2) 50
(3) 5000　(4) 5

풀이 (1) 6542
　└ 백의 자리 숫자 : 500
(2) 3059
　└ 십의 자리 숫자 : 50
(3) 5714
　└ 천의 자리 숫자 : 5000
(4) 2845
　└ 일의 자리 숫자 : 5

7a

1. 4354, 5354

풀이 천 모형이 1개 늘었으므로 1000씩 뛰어 세는 규칙입니다.

2. 1654, 1754

풀이 백 모형이 1개 늘었으므로 100씩 뛰어 세는 규칙입니다.

7b

3. 1384, 1394

풀이 십 모형이 1개 늘었으므로 10씩 뛰어 세는 규칙입니다.

4. 1357, 1358

풀이 낱개 모형이 1개 늘었으므로 1씩 뛰어 세는 규칙입니다.

5. 5000, 7000

풀이 1000씩 뛰어서 세면 천의 자리 숫자가 1씩 커집니다.

6. 3500, 6500

8a

1. 5205, 5305

풀이 100씩 뛰어서 세면 백의 자리 숫자가 1씩 커집니다.

2. 7950, 8050
3. 4550, 4560

풀이 10씩 뛰어서 세면 십의 자리 숫자가 1씩 커집니다.

4. 6305, 6315
5. 8005, 8006

풀이 1씩 뛰어서 세면 일의 자리 숫자가 1씩 커집니다.

6. 2598, 2600

8b

7. 3050, 5050

풀이 1050에서 2050으로 천의 자리 숫자가 1 커졌으므로 1000씩 뛰어 세기 한 것입니다.

8. 5962, 5992

풀이 5972에서 5982로 십의 자리 숫자가 1 커졌으므로 10씩 뛰어 세기 한 것입니다.

9. 4323, 4326

풀이 4324에서 4325로 일의 자리 숫자가 1 커졌으므로 1씩 뛰어 세기 한 것입니다.

10. 3707, 3807

풀이 3507에서 3607로 백의 자리 숫자가 1 커졌으므로 100씩 뛰어 세기 한 것입니다.

11. 7275, 7305

12. 9997, 10000

13. 6800, 7000

9a

1. >

풀이 천 모형의 수가 3420은 3개, 2605는 2개이므로 3420이 2605 보다 큽니다.

2. <

풀이 천 모형의 수는 5개로 같고 백 모형의 수가 5529는 5개, 5740은 7개이므로 5529가 5740보다 작습니다.

9b

3. <

풀이 천 모형과 백 모형의 수는 같고 십 모형의 수가 4606은 0개, 4632 는 3개이므로 4606이 4632보다 작습니다.

4. >

풀이 천, 백, 십 모형의 수는 같고 낱 개 모형의 수가 3246은 6개, 3245 는 5개이므로 3246이 3245보다 큽니다.

5. <

10a

1. 5140>3580

풀이 ■는 ●보다 큽니다. ➡ ■>●

2. 4630<4650

풀이 ■는 ●보다 작습니다.
➡ ■<●

3. 6570은 6425보다 큽니다.

4. 8947은 8949보다 작습니다.

5. <

풀이 3409<3447
　　　└0<4┘

6. <

풀이 7850<9230
　　　└7<9┘

7. >

풀이 5931>5299
　　　└9>2┘

8. >

풀이 9005>9004
　　　└5>4┘

10b

9. (6191, 6200, 6290, 7190)
(5006, 5015, 5105, 6005)
(9000, 9009, 9099, 9999)

풀이 1 큰 수, 10 큰 수, 100 큰 수, 1000 큰 수는 각각 일의 자리, 십의 자리, 백의 자리, 천의 자리 숫자가 1 씩 커집니다.

10. 지리산, 금강산, 오대산, 속리산

풀이 천의 자리 숫자부터 차례로 비교합니다.

11. 하늘

11a

1. 예

풀이 100원짜리 동전이 10개이면 1000원입니다. 따라서 동전 10개를 묶습니다.

2. 1000원

풀이 | 100원짜리 9개 : 900원
10원짜리 10개 : 100원
1000원

3. 8000, 팔천

4. (1) 2000   (2) 9

11b

5. 3654원

풀이 | 1000원짜리 3장 : 3000원
100원짜리 6개 : 600원
10원짜리 5개 :   50원
1원짜리 4개 :   4원
3654원

6. (1) 6058   (2) 4, 3, 0, 2

7. (1) 삼천사십오
(2) 육천구백십사
(3) 7101
(4) 1001

풀이 | (1) 숫자 0이 있는 자리는 숫자
와 자릿값을 모두 읽지 않습니다.

12a

1. (1) 천, 9   (2) 0, 0
(3) 4, 40   (4) 일, 6

2. (1) 3, 5, 2, 7
(2) 5104

3.
┌─────────────────────────────┐
│ 6738, 8760, 3800, 9182 │
└─────────────────────────────┘

풀이 | 6738,   8760
→8   →8000
3800,   9182
→800   →80

12b

4. (1) 1000   (2) 10
풀이 | (1) 천의 자리 숫자가 1씩 커지
므로 1000씩 뛰어서 센 것입니다.
(2) 십의 자리 숫자가 1씩 커지므로
10씩 뛰어서 센 것입니다.

5. (1) 8925, 9025
(2) 7997, 8000

풀이 | (1) 8725에서 8825로 백의 자
리 숫자가 1 커졌으므로 100씩 뛰
어 세기 한 것입니다.
(2) 7998에서 7999로 일의 자리 숫
자가 1 커졌으므로 1씩 뛰어 세기
한 것입니다.

6. (1) >   (2) <
(3) <   (4) >

13a

한라산   백두산   K2
1950 m,   2744 m,   8611 m,
에베레스트 산
8848 m

13b

890원

풀이 | 150+240+300+200
=890(원)

14a

1. (1) 6000   (2) 5760   (3) 13
풀이 | (1) 1000이 1개 : 1000
100이 50개 : 5000
6000
(2) 1000이 5개 : 5000
100이 6개 : 600
10이 16개 : 160
5760
(3) 1000이 7개 : 7000
100이 13개 : 1300
8300

2. ⓒ, ⓐ, ⓓ, ⓑ
풀이 | ⓐ 9990, ⓑ 9000,
ⓒ 10000, ⓓ 9900

3. 8950원
풀이 | 1000원짜리 5장 : 5000원
100원짜리 37개 : 3700원
10원짜리 25개 : 250원
8950원

14b
경시 대회 예상 문제

4. 9979

풀이 십의 자리 숫자가 7인 네 자리 수는 □□7□이므로, 천, 백, 일의 자리에 가장 큰 숫자인 9를 넣으면 9979입니다.

5. 9367, 9368, 9369

풀이 천의 자리 숫자는 9, 백의 자리 숫자는 3, 십의 자리 숫자는 3×2=6, 일의 자리 숫자는 7, 8, 9입니다. 따라서 조건을 만족하는 네 자리 수는 9367, 9368, 9369입니다.

6. 7550원

풀이 6850부터 100씩 7번 뛰어 세기를 합니다.
6850 - 6950 - 7050 - 7150 - 7250 - 7350 - 7450 - 7550

7. 8070

풀이 8100부터 거꾸로 10씩 3번 뛰어서 세면 8100 - 8090 - 8080 - 8070이므로 어떤 수는 8070입니다.

15a
경시 대회 예상 문제

8. 8899, 8900, 8901, 8902

풀이 8898부터 8903까지 1씩 뛰어 세기를 하면 8898, 8899, 8900, 8901, 8902, 8903입니다. 따라서 8898보다 크고 8903보다 작은 수는 8899, 8900, 8901, 8902입니다.

9. **예** 천의 자리 숫자는 4, 백의 자리 숫자는 6으로 같으므로 십의 자리 숫자를 비교하면 5>2입니다. 따라서 4652가 4628보다 큽니다.

평가 기준	
상	각 자리 숫자를 차례로 비교하여 이유를 바르게 설명했다.
하	이유의 설명이 미흡하다.

10. ㉡, ㉢, ㉣, ㉠

풀이 먼저 천의 자리 숫자가 같은 수끼리 비교합니다.

• 3□95가 가장 작은 경우는 3095이고, 30□0이 가장 큰 경우는 3090입니다. 3095>3090이므로, 30□0이 가장 크고 3□95의 □ 안에 어떤 숫자가 들어가더라도 항상 3□95가 큽니다.
➡ ㉡>㉢

• 2536<26□7 ➡ ㉠<㉣
　　└5<6┘

따라서 ㉡>㉢>㉣>㉠입니다.

11. 0, 1, 2, 3, 4, 5

풀이 천, 백의 자리 숫자가 같고 일의 자리 숫자는 3<9이므로 □ 안에는 5이거나 5보다 작은 숫자인 4, 3, 2, 1, 0이 들어가야 합니다.

15b
경시 대회 예상 문제

12. 3개

풀이 7□□4인 네 자리 수 중에서 7034보다 작은 수는 백의 자리 숫자가 0이고, 십의 자리 숫자가 3보다 작아야 합니다. 따라서 7024, 7014, 7004로 모두 3개입니다.

13. 2개

풀이 □384인 네 자리 수 중에서 7384보다 큰 수는 천의 자리 숫자가 7보다 커야 합니다. 따라서 8384, 9384로 모두 2개입니다.

14. 8543, 3045

풀이 • 가장 큰 수를 만들려면 큰 숫자부터 차례로 천, 백, 십, 일의 자리에 놓습니다. ➡ 8543

• 가장 작은 수를 만들려면 작은 숫자부터 차례로 천, 백, 십, 일의 자리에 놓습니다. 단, 0은 천의 자리에 놓을 수 없습니다. ➡ 3045

15. **[예]** 주어진 숫자 중에서 7과 같거나 7보다 큰 숫자는 7뿐이므로 천의 자리에 7을 놓고, 2, 0, 3을 나머지 자리에 놓아 네 자리 수를 만듭니다. 7023, 7032, 7203, 7230, 7302, 7320이므로 7000보다 큰 수는 모두 6개입니다.

[답] 6개

평가 기준	
상	7000보다 큰 수는 천의 자리 숫자가 7임을 이해하여 풀이 과정을 써서 답을 구했다.
하	풀이 과정은 바르게 썼으나 답을 구하지 못했다.

16a

1. (1) 약 300석   (2) 약 800석
(3) 약 1100석

2. 500, 1400

풀이 869는 수직선에서 800과 900 사이에 있고 900에 더 가깝습니다. 또, 543은 수직선에서 500과 600 사이에 있고 500에 더 가깝습니다. 따라서
869+543 ➡ 약 900+약 500
       =약 1400
입니다.

16b

3. (1) 약 680명   (2) 약 540명
(3) 약 1220명

4. 870, 1510

풀이 637은 수직선에서 630과 640 사이에 있고 640에 더 가깝습니다. 또, 874는 수직선에서 870과 880 사이에 있고 870에 더 가깝습니다. 따라서
637+874 ➡ 약 640+약 870
       =약 1510
입니다.

17a 같은 자리 숫자끼리의 합이 10이거나 10보다 크면 바로 윗자리로 받아올림합니다.

1. (1, 0), (1, 1, 10), (1, 1, 1210)

2. (1, 8), (1, 1, 58), (1, 1, 1358)

17b

3. 1, 1, 1430   **4.** 1, 1, 1321

5. 1, 1, 1618   **6.** 1, 1, 1273

7. 1, 1, 1542   **8.** 1, 1, 1501

9. 1, 1, 1032   **10.** 1, 1, 1146

18a 받아올림에 주의하면서 일의 자리부터 차례로 계산합니다.

1. 705   **2.** 1500

3. 1731   **4.** 1663

5. 1404   **6.** 1465

7. 1322   **8.** 1001

18b

9. 1624   **10.** 1427

11. 1111   **12.** 1112

13. 1770   **14.** 1000

15. 1190   **16.** 1002

17. 1702   **18.** 1566

19a

1. (1) ① 3, ② 1265, ③ 1262
(2) ① 1250, ② 12, ③ 1262

2. 699 + 914

700−1
1614
1613

풀이 914에 699를 더하는 대신에 700을 더하고 1을 빼는 방법입니다.

19b

3. (1) ① 682, ② 800, ③ 1482
(2) ① 87, ② 1395, ③ 1482

4.   854 ＋ 498

852＋2

500

1352

풀이 498에 854를 더하는 대신에 2를 더하고 852를 더하는 방법입니다.

20a

1. (1) 1169   (2) 1370

2. (1) 1243   (2) 1465
풀이 (1) 847＋396＝1243
(2) 638＋827＝1465

3. (1) 1102   (2) 1516
풀이 (1) 484＋618＝1102
(2) 879＋637＝1516

20b

4. [식] 807＋593＝1400
[답] 1400명

5. [식] 458＋564＝1022
[답] 1022대

6. [식] 949＋139＝1088
[답] 1088개

7. [식] 687＋687＝1374
[답] 1374 m

21a

1. (1) 약 300표   (2) 약 400표
(3) 약 100표

2. 300, 600
풀이 862는 수직선에서 800과 900 사이에 있고 900에 더 가깝습니다. 또, 278은 수직선에서 200과 300 사이에 있고 300에 더 가깝습니다. 따라서
862−278 ➡ 약 900−약 300
＝약 600
입니다.

21b

3. (1) 약 810마리   (2) 약 360마리
(3) 약 450마리

4. 460, 260
풀이 721은 수직선에서 720과 730 사이에 있고 720에 더 가깝습니다. 또, 459는 수직선에서 450과 460 사이에 있고 460에 더 가깝습니다. 따라서
721−459 ➡ 약 720−약 460
＝약 260
입니다.

22a

같은 자리 숫자끼리 뺄 수 없을 때에는 바로 윗자리에서 10을 받아내림합니다.

1. (1, 10, 9), (8, 11, 10, 79),
(8, 11, 10, 679)

2. (3, 10, 6), (4, 13, 10, 46),
(4, 13, 10, 146)

22b

3. 5, 12, 10, 149

4. 7, 10, 10, 636

5. 5, 13, 10, 372

6. 8, 13, 10, 585

7. 8, 11, 10, 764

8. 6, 12, 10, 493

9. 5, 11, 10, 258

10. 7, 10, 10, 17

23a

받아내림에 주의하면서 일의 자리부터 차례로 계산합니다.

1. 637   **2.** 236

3. 469   **4.** 541

5. 375   **6.** 169

7. 87   **8.** 376

23b
9. 135
10. 266
11. 369
12. 258
13. 366
14. 174
15. 219
16. 299
17. 546
18. 362

24a
1. (1) ① 4, ② 451, ③ 455
　 (2) ① 6, ② 461, ③ 455

2. $724 - 496$

$$-500+4$$

224

228

풀이 724에서 496을 빼는 대신에 500을 빼고 4를 더하는 방법입니다.

24b
3. (1) ① 24, ② 605, ③ 629
　 (2) ① 5, ② 5, ③ 629

4. $791 - 494$

$(791+6) - (494+6)$

$797 - 500$

297

풀이 494에 6을 더하면 500이 되므로 빼어지는 수 791에도 똑같이 6을 더하여 계산하는 방법입니다.

25a
1. (1) 374　(2) 178
2. (1) 265　(2) 539
풀이 (1) $852-587=265$
(2) $730-191=539$
3. (1) 732　(2) 266
풀이 (1) $981-249=732$
(2) $714-448=266$

25b
4. [식] $605-367=238$
　 [답] 238권
5. [식] $734-659=75$
　 [답] 75명
6. [식] $560-234=326$
　 [답] 326권
7. [식] $426-278=148$
　 [답] 148명

26a
1. (1) 1058, 1113, 1400
　 (2) 107, 299, 448

2. (1) ① 921,　② 1635
　　　③ 1554,　④ 1002
　 (2) ① 58,　② 129
　　　③ 227,　④ 298

3. (1) =　(2) >
풀이 (1) $768+654=1422$
　　　$483+939=1422$
➡ $768+654 ⊜ 483+939$
(2) $530-162=368$
　 $833-475=358$
➡ $530-162 ⊙ 833-475$

26b
4. 1433
풀이 가장 큰 수 : 865
가장 작은 수 : 568
➡ 합 : $865+568=1433$

5. 693
풀이 가장 큰 수 : 972
가장 작은 수 : 279
➡ 차 : $972-279=693$

6. (1) 925, 386
　 (2) 467, 1206
풀이 (1) $238+687=925$
　　　$925-539=386$
(2) $914-447=467$
　 $467+739=1206$

27a

1. ㉢, ㉣, ㉡, ㉠

풀이 ㉠ 644+727=1371
㉡ 882+419=1301
㉢ 951-662=289
㉣ 586-289=297

2. (1) 512 + 698

500+12   +700-2

1200

10

1210

(2) 706 - 595

700+6   -600+5

100

11

111

풀이 (1) 512는 500보다 12 큰 수, 698은 700보다 2 작은 수로 생각하여 계산하는 방법입니다.

(2) 706은 700보다 6 큰 수, 595는 600보다 5 작은 수로 생각하여 계산하는 방법입니다.

27b

3. (1)
$$\begin{array}{r} 6\ 5\ 4 \\ +\ 4\ \boxed{6}\ \boxed{7} \\ \hline 1\ \boxed{1}\ 2\ 1 \end{array}$$

(2)
$$\begin{array}{r} 8\ 5\ \boxed{4} \\ +\ 6\ \boxed{8}\ 9 \\ \hline 1\ \boxed{5}\ 4\ 3 \end{array}$$

(3)
$$\begin{array}{r} \boxed{7}\ 2\ \boxed{1} \\ -\ 4\ 7\ 8 \\ \hline 2\ \boxed{4}\ 3 \end{array}$$

(4)
$$\begin{array}{r} 8\ 0\ \boxed{2} \\ -\ \boxed{4}\ 7\ 4 \\ \hline 3\ \boxed{2}\ 8 \end{array}$$

풀이 (1) 일의 자리 : 4+□=11
11-4=□
□=7
십의 자리 : 1+5+□=12
6+□=12
12-6=□, □=6
백의 자리 : 1+6+4=11, □=1

(4) 일의 자리 : 10+□-4=8
10+□=12
12-10=□, □=2
십의 자리 : 10-1-7=2, □=2
백의 자리 : 8-1-□=3
7-□=3
7-3=□, □=4

4. (1) 1253   (2) 697

풀이 (1) 975+278=1253
(2) 975-278=697

28a

창의력 학습

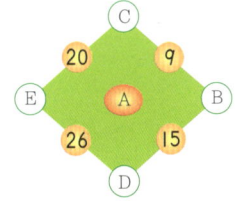

풀이 C+20+E=16+20+25=61
E+26+D=25+26+10=61
D+15+B=10+15+36=61
B+9+C=36+9+16=61

28b

창의력 학습

422명

풀이 500-125+98=473(명)
473-203+152=422(명)

29a

경시 대회 예상 문제

1. (1) 5   (2) 0

풀이 (1) 7+□=12, 12-7=□
□=5
(2) 10+□-1-4=5, 10+□=10
10-10=□, □=0

2. (1) 587, 861   (2) 135, 1000

풀이 (1) • □-386=475
475+386=□, □=861
• 274+□=861
861-274=□, □=587
(2) • 900-□=765
900-765=□, □=135
• 765+235=□, □=1000

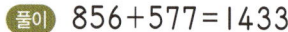

3. 1433
풀이 856+577=1433

29b
경시 대회
예상 문제

4. 147
풀이 534−387=147

5. (1) 269 (2) 745
풀이 (1) 902−354=548
548=279+□, 548−279=□
□=269
(2) 800−642=158
158=903−□, 903−158=□
□=745

6. 758
풀이 어떤 수를 □라고 하면
□+493=812, 812−493=□
□=319
입니다. 따라서 바르게 계산하면
319+439=758
입니다.

7. 338
풀이 어떤 수를 □라고 하면
626+□=914, 914−626=□
□=288
입니다. 따라서 바르게 계산하면
626−288=338
입니다.

30a
경시 대회
예상 문제

8. • (집에서 문구점까지의 거리)
= (집에서 우체국까지의 거리)
− (문구점에서 우체국까지의
거리)
= 822−564=258 (m)
• (문구점에서 학교까지의 거리)
= (집에서 학교까지의 거리)
− (집에서 문구점까지의 거리)
= 627−258=369 (m)
[답] 369 m

평가 기준

상	집에서 문구점까지의 거리 또는 학교에서 우체국까지의 거리를 구하여 문구점에서 학교까지의 거리를 구했다.
하	집에서 문구점까지의 거리 또는 학교에서 우체국까지의 거리는 구했으나 문구점에서 학교까지의 거리는 구하지 못했다.

9. (1) 0, 1, 2, 3 (2) 8, 9
풀이 (1) 756+47□=1230, □=4
이므로 756+47□<1230에서
□ 안에 들어갈 수 있는 숫자는 4
보다 작은 숫자입니다.
(2) 265=543−2□8, □=7이므로
265>543−2□8에서 □ 안에
들어갈 수 있는 숫자는 7보다 큰
숫자입니다.

10. 1247
풀이 가장 큰 수 : 943
가장 작은 수 : 304
➡ 합 : 943+304=1247

30b
경시 대회
예상 문제

11. 예
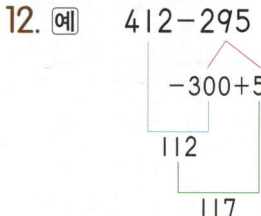
526+788
+800−12
1326
1314
526+788
1300
14
1314

풀이 위와 같은 방법 외에도 여러 가
지 방법이 있습니다.

12. 예   412−295
−300+5
112
117

412-295

(412+5)-(295+5)

417 - 300

117

풀이 위와 같은 방법 외에도 여러 가지 방법이 있습니다.

13. 가장 큰 수 : 841
둘째로 큰 수 : 840
가장 작은 수 : 104
둘째로 작은 수 : 108
➡ 차 : 840-108=732
[답] 732

평가 기준	
상	둘째로 큰 수와 둘째로 작은 수를 구한 후에 두 수의 차를 구했다.
하	둘째로 큰 수와 둘째로 작은 수는 구했으나 두 수의 차를 구하지 못했다.

31a

1. 각

2. ㅁ

풀이 각은 한 점에서 그은 두 반직선으로 이루어진 도형이고, 이 한 점이 꼭짓점입니다.

3. ㅁㄹ, ㅁㅂ

풀이 각을 이루는 두 반직선을 변이라고 합니다.

4. ㄹㅁㅂ

풀이 각을 읽을 때에는 꼭짓점이 가운데에 오도록 읽습니다.

31b

5. ㉠ 변, ㉡ 꼭짓점, ㉢ 변

6. (○) ( ) ( ) (○) (○)

7. (1) ㄴㄷㄹ, ㄹㄷㄴ
(2) ㄷㄴ, ㄷㄹ

풀이 각은 두 가지 방법으로 읽을 수 있습니다.

32a

1. (1) 각 ㄱㄴㄷ 또는 각 ㄷㄴㄱ
(2) 각 ㄹㅁㅂ 또는 각 ㅂㅁㄹ

풀이 각을 읽을 때에는 꼭짓점이 가운데에 오도록 읽습니다.

2. ㉡, ㉠, ㉣, ㉢

풀이 ㉠ 3개, ㉡ 4개, ㉢ 1개, ㉣ 2개

3. 3개

풀이

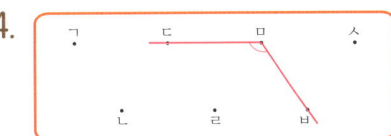

- 각 1개짜리 : 2개
- 각 2개짜리 : 1개
➡ 2+1=3(개)

32b

4.

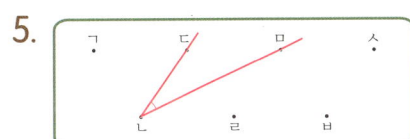

풀이 먼저 어느 점이 꼭짓점이 되는지 살펴봅니다. 각을 읽을 때 꼭짓점이 가운데 오도록 읽으므로 점 ㅁ이 꼭짓점이 됩니다. 따라서 점 ㅁ을 꼭짓점으로 하여 각 ㄷㅁㅂ을 그립니다.

5.

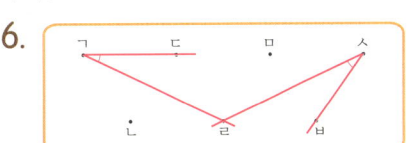

풀이 각 ㄷㄴㅁ의 꼭짓점은 점 ㄴ입니다.

6.

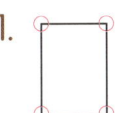
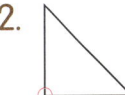

풀이 각 ㄷㄱㄹ의 꼭짓점은 점 ㄱ이고, 각 ㄹㅅㅂ의 꼭짓점은 점 ㅅ입니다.

33a

1.

2.

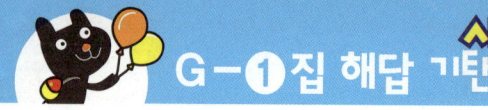

3. 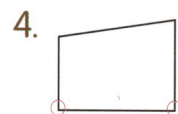 **4.**

34b **4.** (1) 각 ㄱㄴㄷ 또는 각 ㄷㄴㄱ
(2) 점 ㄴ
(3) 변 ㄴㄱ
변 ㄴㄷ

풀이 각을 이루는 두 반직선을 변이라 하고, 변과 변이 만나서 생기는 뾰족한 부분을 꼭짓점이라고 합니다.

5. (1) 2, ㅣ   (2) 직각

33b **5.** ㉠, ㉢

풀이 직각은 삼각자의 직각 부분을 대었을 때 꼭 맞게 겹쳐지고, ㄴ 와 같이 표시합니다.

6. ㉢

풀이 ㉠ 0개, ㉡ ㅣ개, ㉢ 4개, ㉣ 2개

7. (1)   (2)

풀이 삼각자의 직각 부분을 직접 대어 본 후 직각을 찾아 표시합니다.

35a **1.** ㉡, ㉣

2. ㉠, ㉢

3. ㉠, ㉢

풀이 어떤 모양의 삼각형이든 세 각 중에서 한 각이 직각이면 직각삼각형입니다.

34a **1.** (1)
, 2개

(2)
, 3개

풀이 한 직선을 먼저 선택한 후, 그 직선에 직각이 되는 직선이 있는지 살펴봅니다.

35b **4.** ㉠, ㉣

풀이 직각삼각형은 세 각 중 한 각이 직각인 삼각형이므로 삼각형의 세 각에 삼각자의 직각 부분을 대어 보고, 세 각 중 한 각이 직각인 삼각형을 찾습니다.

5. 예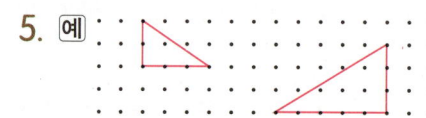

풀이 직각삼각형을 그릴 때, 직각을 먼저 그린 후에 각각의 변을 선분으로 이으면 그리기가 더 쉽습니다.

2. (1)
, 8개

(2)
, 3개

3. (1) 예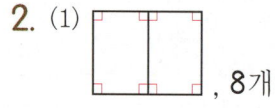

(2) 예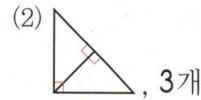

6. 2개

풀이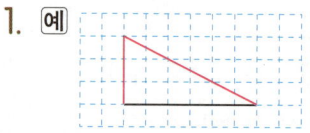

36a **1.** 예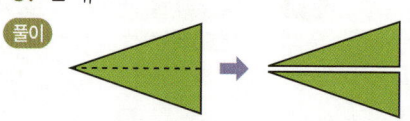

풀이 모눈종이의 모눈은 모두 직각입니다.

풀이 3개의 변으로 이루어지고 한 각이 직각인 삼각형을 그립니다.

2. 예

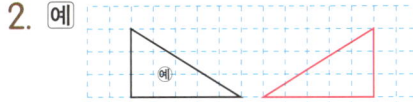

3. 3개

풀이

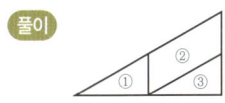

①, ③, ①+②+③

따라서 크고 작은 직각삼각형은 모두 3개입니다.

36b

4.

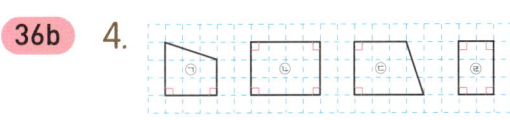

5. ㉡, ㉣

6. ㉡, ㉣

풀이 네 각이 모두 직각인 사각형을 직사각형이라고 합니다.

37a

1. ㉠, ㉣

풀이 삼각사의 직각 부분을 직집 대어 본 후 네 각이 모두 직각인 사각형을 찾습니다.

2. 예

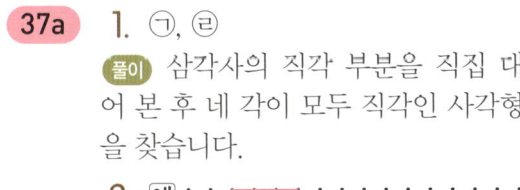

3. 2개

풀이

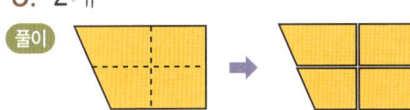

37b

4.

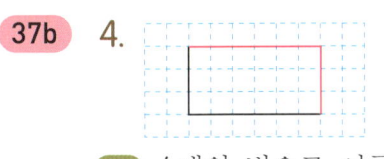

풀이 4개의 변으로 이루어지고 네 각이 모두 직각인 사각형을 그립니다.

---

5. 예

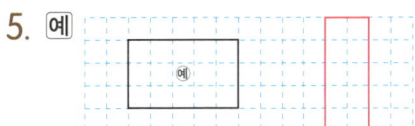

6. 3개

풀이

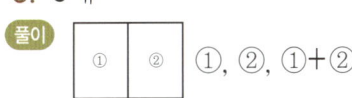 ①, ②, ①+②

따라서 크고 작은 직사각형은 모두 3개입니다.

38a

1. ㉠, ㉢

2. ㉠, ㉢

풀이 네 각이 모두 직각이고 네 변의 길이가 모두 같은 사각형을 정사각형이라고 합니다.

38b

3. ㉠, ㉣

풀이 삼각자의 직각 부분을 이용하여 네 각이 모두 직각인 사각형을 찾습니다. 이 중에서 네 변의 길이가 모두 같은 사각형이 정사각형입니다.

4. 예

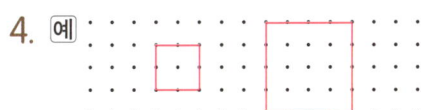

풀이 점과 점 사이의 길이가 모두 같으므로, 정사각형을 그릴 때 각 변의 점의 개수는 같아야 합니다.

5. 4개

풀이

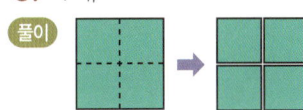

39a

1.

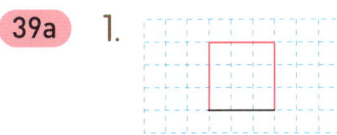

풀이 네 각이 모두 직각이고 네 변의 길이가 모두 같은 사각형을 그립니다.

2. 예

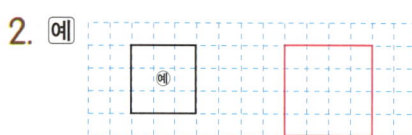

3. 5개

풀이

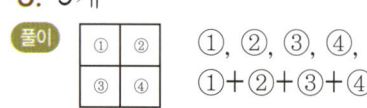

①, ②, ③, ④,
①+②+③+④

따라서 크고 작은 정사각형은 모두 5개입니다.

39b

4. ㄷ, ㅁ

풀이 삼각형 중에서 한 각이 직각인 삼각형을 찾습니다.

5. ㄱ, ㄹ, ㅂ, ㅅ

풀이 사각형 중에서 네 각이 모두 직각인 사각형을 찾습니다.

6. ㄱ, ㅅ

풀이 직사각형 중에서 네 변의 길이가 모두 같은 사각형을 찾습니다.

40a

1. (1) 각 ㄱㄴㄷ 또는 각 ㄷㄴㄱ
　　(2) 점 ㄴ
　　(3) 변 ㄴㄱ
　　　 변 ㄴㄷ

2. (1) 3개　(2) 5개　(3) 6개

풀이

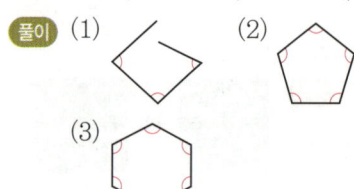

3. 예 (1)　　　　(2)

풀이 (1) 점 ㅁ을 꼭짓점으로 하여 각 ㄹㅁㅂ을 그립니다.
(2) 점 ㅇ을 꼭짓점으로 하여 각 ㅅㅇㅈ을 그립니다.

40b

4. (1)

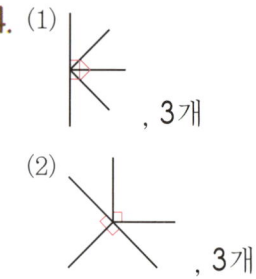

, 3개

(2)

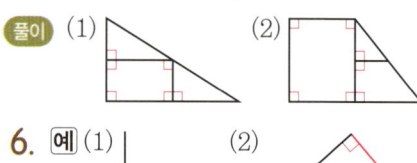

, 3개

5. (1) 6개　　(2) 7개

풀이 (1)　　　　(2)

6. 예 (1)　　　　(2)

풀이 삼각자에서 직각을 이루는 한 변을 주어진 직선에 꼭 맞춘 후, 직각을 이루는 나머지 한 변을 따라 선을 그어 직각을 그립니다.

(1)　　　　　(2)

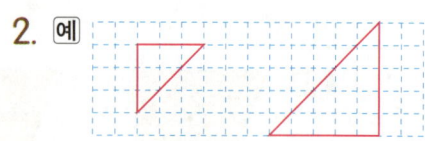

41a

1. ㄴ, ㄷ

풀이 직각삼각형은 세 각 중 한 각이 직각인 삼각형이므로 삼각형의 세 각에 삼각자의 직각 부분을 대어 보고, 세 각 중 한 각이 직각인 삼각형을 찾습니다.

2. 예

풀이 직각을 낀 두 변의 길이를 같게 그립니다.

3. 4개

풀이

①, ③, ①+②, ①+②+③
따라서 크고 작은 직각삼각형은 모두 4개입니다.

41b

4. ㉠, ㉢

풀이 사각형이 기울어져 있어도 네 각이 모두 직각이면 직사각형입니다.

5. 예

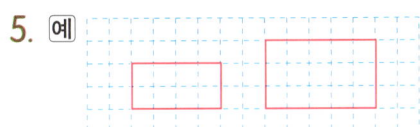

6. 6개

풀이

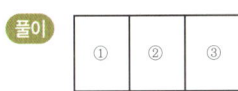

①, ②, ③, ①+②, ②+③, ①+②+③
따라서 크고 작은 직사각형은 모두 6개입니다.

42a

1. ㉡, ㉣

풀이 사각형이 기울어져 있어도 네 각이 모두 직각이고 네 변의 길이가 모두 같으면 정사각형입니다.

2. 예

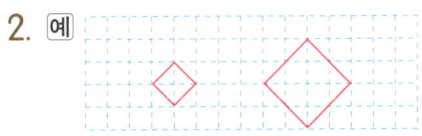

3. 8개

풀이

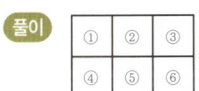

①, ②, ③, ④, ⑤, ⑥, ①+②+④+⑤, ②+③+⑤+⑥
따라서 크고 작은 정사각형은 모두 8개입니다.

42b

4. (1) 15 (2) 9, 9

풀이 (1) 직사각형에서 마주 보는 두 변의 길이는 서로 같습니다.
(2) 정사각형은 네 변의 길이가 모두 같습니다. 따라서 각 변의 길이는 모두 9 cm입니다.

5. (1) 42 cm (2) 32 cm

풀이 (1) 14+7+14+7=42 (cm)
(2) 8+8+8+8=32 (cm)

6. (1) 6 cm (2) 2 cm

풀이 (1) 한 변의 길이를 □ cm라고 하면 □+□+□+□=□×4=24에서 6×4=24이므로 □=6 입니다.
(2) 네 변의 길이의 합이 30 cm를 넘지 않는 크기에서 가장 큰 정사각형의 네 변의 길이의 합을 찾아보면, 한 변의 길이가 7 cm일 때 네 변의 길이의 합이 7+7+7+7= 28 (cm)로 가장 큽니다. 이때 남은 끈의 길이는 30-28=2 (cm) 입니다.

43a
창의력 학습

예

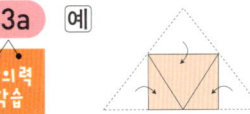

43b
창의력 학습

메뚜기

44a
경시 대회 예상 문제

1. 6개

풀이

• 각 1개짜리 : 3개
• 각 2개짜리 : 2개
• 각 3개짜리 : 1개
➡ 3+2+1=6(개)

2. (1)

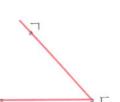

(2)

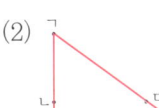

풀이 (1) 점 ㄷ이 꼭짓점이 되도록 각을 그립니다.
(2) 점 ㄱ이 꼭짓점이 되도록 각을 그립니다.

3. (1) 6개 (2) 3개

풀이 (1)

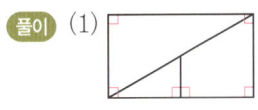

(2)

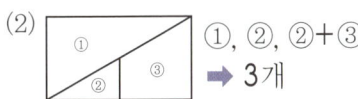

①, ②, ②+③
➡ 3개

44b

경시 대회 예상 문제

4. 예

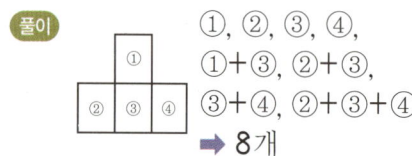

5. 8개

풀이

	①	
②	③	④

①, ②, ③, ④,
①+③, ②+③,
③+④, ②+③+④
➡ 8개

6. 14개

풀이
• 작은 정사각형 1개짜리 : 9개
• 작은 정사각형 4개짜리 : 4개
• 작은 정사각형 9개짜리 : 1개
➡ 9+4+1=14(개)

45a

경시 대회 예상 문제

7. 두 직선으로 이루어져 있지 않으므로 각이 아닙니다.

풀이 각은 한 점에서 그은 두 직선으로 이루어진 도형입니다.

8. 세 각 중 직각인 각이 없으므로 직각삼각형이 아닙니다.

풀이 직각삼각형은 한 각이 직각인 삼각형입니다.

9. 네 각이 모두 직각이 아니므로 직사각형이 아닙니다.

풀이 주어진 도형은 두 각만 직각이므로 직사각형이라고 할 수 없습니다.

10. 네 변의 길이가 모두 같지 않으므로 정사각형이 아닙니다.

풀이 주어진 도형은 네 각이 모두 직각이나 마주 보는 두 변의 길이만 같으므로 정사각형이 아닙니다.

45b

경시 대회 예상 문제

11. 32 cm

풀이 (세로의 길이)=(가로의 길이)×3
   =4×3=12 (cm)
(네 변의 길이의 합)=4+12+4+12
   =32 (cm)

12. 세로의 길이를 □ cm라고 하면
12+□+12+□=40
24+□+□=40
□+□=16
□=8

[답] 8 cm

평가 기준

상	직사각형은 마주 보는 두 변의 길이가 서로 같음을 알고, 풀이 과정을 써서 세로의 길이를 구했다.
하	직사각형은 마주 보는 두 변의 길이가 서로 같음을 알고 있으나, 계산을 잘못하여 답이 틀렸다.

13. 직사각형의 네 변의 길이의 합은
12+6+12+6=36 (cm)
입니다. 따라서 정사각형의 한 변의 길이를 □ cm라고 하면
□+□+□+□=□×4=36
에서 9×4=36이므로 □=9입니다.

[답] 9 cm

평가 기준

상	직사각형의 네 변의 길이의 합을 구하여 정사각형의 한 변의 길이를 바르게 구했다.
하	직사각형의 네 변의 길이의 합은 구했으나 정사각형의 한 변의 길이를 구하지 못했다.

46a

1. 1000, 천

2. 100, 10, 1

풀이 1000은 900보다 100 큰 수, 990보다 10 큰 수, 999보다 1 큰 수입니다.

3. 3개

풀이 100원짜리 동전 7개는 700원이므로 1000원이 되려면 300원이 더 있어야 합니다. 따라서 100원짜리 동전이 3개 더 있어야 합니다.

46b

4. 5000, 오천

풀이 1000이 1개 : 1000, 천
1000이 2개 : 2000, 이천
⋮
1000이 8개 : 8000, 팔천
1000이 9개 : 9000, 구천

5. (1) 2000　(2) 6　(3) 1000

6. ㉡, ㉢, ㉣, ㉠

풀이 ㉠ 900,　㉡ 8000
㉢ 3000, ㉣ 4000

47a

1. 3742, 삼천칠백사십이

2. ㉠, ㉣

풀이 ㉠ 1006, ㉡ 9000
㉢ 2970, ㉣ 6060

3. 7025, 칠천이십오

풀이 1000이 7개, 100이 0개, 10
이 2개, 1이 5개인 수는
　　7000+20+5=7025
입니다. 또 7025에서 백의 자리 숫
자가 0이므로 숫자와 자릿값을 모두
읽지 않습니다.

47b

4. 천의 자리 숫자, 3000

풀이 3486의 각 숫자와 자릿값

	천의 자리	백의 자리	십의 자리	일의 자리
숫자	3	4	8	6
수	3000	400	80	6

5. (4, 8, 0, 6), 7643

6. 5423, 6029

7. 6740, 5789

풀이 숫자 7이 700을 나타내는 수
는 백의 자리 숫자가 7인 수이므로
6740, 5789입니다.

48a

1. 천, 백, 십, 일

2. 10000

3. (1) 2075, 2375
(2) 6998, 7000
(3) 2450, 5450
(4) 1404, 1414

풀이 (1) 2175에서 2275로 백의 자
리 숫자가 1 커졌으므로 100씩 뛰
어 세기 한 것입니다.
(2) 7001에서 7002로 일의 자리 숫
자가 1 커졌으므로 1씩 뛰어 세기
한 것입니다.
(3) 3450에서 4450으로 천의 자리
숫자가 1 커졌으므로 1000씩 뛰
어 세기 한 것입니다.
(4) 1384에서 1394로 십의 자리 숫
자가 1 커졌으므로 10씩 뛰어 세
기 한 것입니다.

48b

4. 천

5. 2464는 2435보다 큽니다.

풀이 • ■ > ●
➡ ■는 ●보다 큽니다.
• ■ < ●
➡ ■는 ●보다 작습니다.

6. (1) >　(2) >　(3) <　(4) <

풀이 (1) 6000 > 5999
└6>5┘
(2) 7350 > 7329
└5>2┘
(3) 4063 < 4067
└3<7┘
(4) 5658 < 5707
└6<7┘

7. 8602, 2380

풀이 천의 자리, 백의 자리, 십의 자
리, 일의 자리 숫자를 차례로 비교합
니다.
➡ 8602 > 8534 > 3428 > 2380

49a

1. 230원

풀이 성원이가 가지고 있는 돈은 770원입니다.
770에서 100씩 2번 뛰어 세면 770-870-970이고, 970에서 10씩 3번 뛰어 세면 970-980-990-1000입니다.
따라서 100원짜리 2개, 10원짜리 3개가 더 있어야 하므로 230원이 더 있어야 합니다.

2. (1) 4000, 사천
　　(2) 7, 칠천

3. 3650원

풀이 천 원짜리 3장 : 3000원
　　백 원짜리 6개 :　600원
　　십 원짜리 5개 :　　50원
　　　　　　　　　　 3650원

4. 5

풀이 천의 자리 숫자가 가장 큰 수를 나타내므로, 천의 자리 숫자인 5가 가장 큰 수를 나타내는 숫자이고 5000을 나타냅니다.

49b

5. 8700원

풀이 1000원씩 4개월 동안 저금하는 것이므로 4700에서 1000씩 4번 뛰어서 셉니다.
4700-5700-6700-7700-8700

6. 7, 8, 9

풀이 백의 자리 숫자를 비교해 보면 4<8이므로 □483이 6836보다 크려면 □ 안에는 6보다 큰 숫자인 7, 8, 9가 들어가야 합니다.

7. 6579, 6589, 6599

풀이 천의 자리 숫자가 6, 백의 자리 숫자가 5, 일의 자리 숫자가 9인 네 자리 수는 65□9입니다.
이때 65□9>6578을 만족하는 수는 6579, 6589, 6599입니다.

8. 6320, 2036

50a 받아올림에 주의하면서 일의 자리부터 차례로 계산합니다.

1. 921　　　　**2.** 1000
3. 1233　　　**4.** 1405
5. 1772　　　**6.** 1580
7. 1735　　　**8.** 1665

50b **9.** 1626　　**10.** 1361
11. 1064　　**12.** 1233
13. 1415　　**14.** 1407
15. 1121　　**16.** 1528
17. 1950　　**18.** 1182

51a

1. (1) 1232　(2) 1005

2. (600, 1227, 1225),
　　(2, 600, 1225)

3. 　799 + 636
　　800-1 +600+36
　　1400
　　　　　35
　　　1435

풀이 799는 800에 가까우므로 800-1로 나타내고, 636은 600에 가까우므로 600+36으로 나타내어 계산합니다.

51b 받아내림에 주의하면서 일의 자리부터 차례로 계산합니다.

4. 227　　　**5.** 367
6. 225　　　**7.** 378
8. 386　　　**9.** 193
10. 264　　　**11.** 156

52a

1. 428
2. 265
3. 688
4. 749
5. 308
6. 537
7. 195
8. 55
9. 374
10. 269

52b

11. (1) 89　(2) 449

12. (300, 523, 526),
    (3, 826, 300, 526)

13.
$$708 - 385$$

풀이 708은 700보다 8 큰 수, 385는 400보다 15 작은 수로 생각하여 700과 400의 차를 먼저 구하고, 8과 15의 합을 구하여 더합니다.

53a

1. (1) >　(2) =
   풀이 (1) 465+642=1107
   　　675+428=1103
   ➡ 465+642 ⊘ 675+428
   (2) 400−127=273
   　　762−489=273
   ➡ 400−127 ⊜ 762−489

2. (1) 636　(2) 721
   풀이 (1) 269+□=905
   　　905−269=□, □=636
   (2) □−228=493
   　　493+228=□, □=721

3. (1)
   ```
     7 8 [9]
   + [8 6] 3
   ─────────
   1 6 5 2
   ```
   (2)
   ```
     9 [0] 2
   −   5 8 [6]
   ─────────
   [3] 1 6
   ```

풀이 (1) 일의 자리 : □+3=12
　　　　　　　12−3=□
　　　　　　　□=9
　십의 자리 : 1+8+□=15
　　　　　　9+□=15
　　　　　　15−9=□, □=6
　백의 자리 : 1+7+□=16
　　　　　　8+□=16
　　　　　　16−8=□, □=8
(2) 일의 자리 : 10+2−□=6
　　　　　　12−□=6
　　　　　　12−6=□, □=6
　십의 자리 : 10+□−1−8=1
　　　　　　10+□=10
　　　　　　10−10=□, □=0
　백의 자리 : 9−1−5=□, □=3

4. 531, 1220

53b

5. [식] 573+659=1232
   [답] 1232대

6. [식] 360−285=75
   [답] 75번

7. 274
   풀이 □+268=542
   542−268=□, □=274

8. 86
   풀이 725−□=639
   725−639=□, □=86

54a

1. 반직선, 각

2. (1) 각 ㄷㄹㅁ 또는 각 ㅁㄹㄷ
   (2) 점 ㄹ
   (3) 변 ㄹㄷ
   　　변 ㄹㅁ

3. ㄷ, ㄱ, ㄹ, ㄴ
   풀이 ㄱ 4개, ㄴ 0개, ㄷ 6개, ㄹ 3개

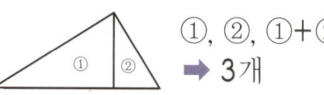
54b 4. 직각

5. ㄹ, ㄱ, ㄴ, ㄷ

풀이 ㄱ 3개, ㄴ 2개, ㄷ 1개, ㄹ 4개

6. 6개

풀이

55a 1. 직각

2. ㄱ, ㄹ

3. 2개

55b 4. 직각

5. ㄱ, ㄷ

6. 4개

56a 1. 각, 변

2. ㄱ, ㄷ

3. 정사각형

풀이 네 각이 모두 직각이고 네 변의 길이가 모두 같은 사각형이 만들어지므로 정사각형입니다.

56b 4. 두 개의 직선이 한 점에서 만나지 않았으므로 각이 아닙니다.

5.
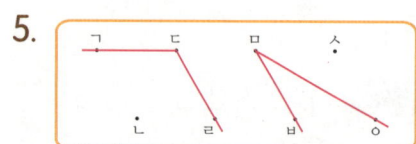

풀이 각 ㄱㄷㄹ의 꼭짓점은 점 ㄷ이고, 각 ㅂㅁㅇ의 꼭짓점은 점 ㅁ입니다.

6. 예 (1)   (2)

57a 1. ②, ③

2. 3개

풀이
  ①, ②, ①+②
➡ 3개

3. 직사각형

풀이 네 각이 모두 직각인 직사각형이 됩니다.

57b 4. 9개

풀이

①, ②, ③, ④,
①+②, ③+④,
①+④, ②+③,
①+②+③+④
➡ 9개

5. ④

6. (1) 46 cm   (2) 40 cm

풀이 (1) 15+8+15+8=46 (cm)
(2) 10+10+10+10=40 (cm)

58a 만날 수 없습니다.

창의력 학습

58b 27개

창의력 학습

풀이 • 작은 삼각형 1개로 된 것 : 16개
• 작은 삼각형 4개로 된 것 : 7개
• 작은 삼각형 9개로 된 것 : 3개
• 작은 삼각형 16개로 된 것 : 1개
➡ 16+7+3+1=27(개)

59a 1. 8918

경시 대회 예상 문제

풀이 1000이 6개 : 6000
100이 25개 : 2500
10이 36개 : 360
1이 58개 :   58
8918

2. 100씩 뛰어 세기 한 것이므로 4567에서 100씩 20번 뛰어서 센 수는 4567의 천의 자리 숫자가 2 커진 수와 같습니다.

[답] 6567

평가 기준	
상	뛰어 세는 규칙을 찾고, 20번 뛰어서 센 수를 바르게 구했다.
하	뛰어 세는 규칙은 찾았지만, 20번 뛰어서 센 수를 구하지 못했다.

3. 9760, 1069

풀이 가장 큰 수 : 9761
둘째로 큰 수 : 9760
가장 작은 수 : 1067
둘째로 작은 수 : 1069

59b
경시 대회 예상 문제

4. 13그루

풀이 100씩 12번 뛰어서 세면 1200입니다. 따라서 가로수는
　　　1+12=13(그루)
심을 수 있습니다.

5. 가희네 학교, 78명

풀이 가희네 학교 학생 수
➡ 456+448=904(명)
민수네 학교 학생 수
➡ 429+397=826(명)
차 : 904-826=78(명)

6. 500-56=444(개)이고, 444개를 똑같이 둘로 나누면 222개입니다. 따라서 한결이는 222개 가지고 있고, 은비는
　　　222+56=278(개)
가지고 있습니다.

[답] 278개, 222개

평가 기준	
상	풀이 과정을 써서 두 사람이 가지고 있는 구슬의 수를 바르게 구했다.
하	풀이 과정을 써서 한 사람이 가지고 있는 구슬의 수만 구했다.

60a
경시 대회 예상 문제

7. 1281, 667

풀이 가장 큰 수 : 974
가장 작은 수 : 304
둘째로 작은 수 : 307
합 : 974+307=1281
차 : 974-307=667

8. 8개

풀이
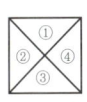
①, ②, ③, ④, ①+②,
②+③, ③+④, ①+④
➡ 8개

9. 예
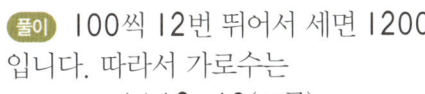

60b
경시 대회 예상 문제

10. 8개

풀이 1번 접을 때마다 직사각형의 개수는 2배로 늘어납니다.

1개 $\xrightarrow{1번}$ 2개 $\xrightarrow{2번}$ 4개 $\xrightarrow{3번}$ 8개

11. 12 cm

풀이 가로의 길이를 □ cm라고 하면
　　□+18+□+18=60
　　　36+□+□=60
　　　　　□+□=24
　　　　　　□=12

12. 직사각형의 네 변의 길이의 합
➡ 9+4+9+4=26 (cm)
정사각형의 네 변의 길이의 합
➡ 6+6+6+6=24 (cm)
26>24이므로 네 변의 길이의 합이 더 짧은 것은 정사각형입니다.

[답] 정사각형

평가 기준	
상	두 도형의 네 변의 길이의 합을 구한 다음 답을 구했다.
하	두 도형의 네 변의 길이의 합은 구했으나 답이 틀렸다.

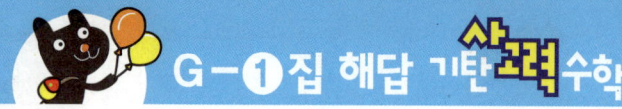

성취도 테스트

1. ⑤

2. 7934, 칠천구백삼십사

3. (1) 7700, 7900
(2) 3250, 3350

풀이 (1) 8000에서 8100으로 백의 자리 숫자가 1 커졌으므로 100씩 뛰어 세기 한 것입니다.
(2) 3150에서 3200으로 50이 커졌으므로 50씩 뛰어 세기 한 것입니다. 따라서 3200보다 50 큰 수는 3250, 3300보다 50 큰 수는 3350입니다.

4. (1) > (2) <

5. ㉡, ㉤, ㉢, ㉠, ㉣

풀이 ㉠ 3500, ㉡ 4000, ㉢ 3700, ㉣ 3000, ㉤ 3900

6. 6개

풀이 주어진 숫자 중에서 8과 같거나 8보다 큰 숫자는 8뿐이므로 천의 자리에 8을 놓고, 0, 3, 5를 나머지 자리에 놓습니다. 따라서 8000보다 큰 수는 8035, 8053, 8305, 8350, 8503, 8530입니다.

7. 600원

풀이 1000원짜리 2장 : 2000원
100원짜리 19개 : 1900원
10원짜리 50개 : 500원
4400원

따라서 5000원짜리 동화책을 사려면 600원을 더 모아야 합니다.

8. ① 1842, ② 1184,
③ 279, ④ 379

9. (1) > (2) <

풀이 (1) 759+664=1423
➡ 759+664 ⓖ 1400
(2) 834−296=538
334+217=551
➡ 834−296 ⓛ 334+217

10. 3, 1400, 15, 1415

11. 5, 500, 25, 525

12. ㉮ 마을, 84명

풀이 ㉮ 마을 : 526+464=990(명)
㉯ 마을 : 507+399=906(명)
차 : 990−906=84(명)

13. 1138, 522

풀이 가장 큰 수 : 830
가장 작은 수 : 308
합 : 830+308=1138
차 : 830−308=522

14. ㉠, ㉣

풀이 각을 읽을 때에는 각의 꼭짓점이 가운데에 오도록 순서대로 읽어야 합니다.

15. ㉤, ㉦

16. ㉢, ㉣, ㉥, ㉧

17. ㉢, ㉥

18. 8개

풀이 1번 접으면 : 2개
2번 접으면 : 2×2=4(개)
3번 접으면 : 4×2=8(개)

19. 16개

풀이  모양 직각삼각형 : 8개
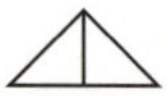 모양 직각삼각형 : 4개
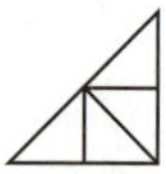 모양 직각삼각형 : 4개
➡ 8+4+4=16(개)

20. 7 cm

풀이 직사각형의 네 변의 길이의 합은 8+6+8+6=28 (cm)이므로 정사각형의 한 변의 길이는 7×4=28에서 7 cm입니다.